轻断食果蔬汁

萨巴蒂娜 主编

中国轻工业出版社

目录

03 润肤养颜

04 美白淡斑

05 补血益气

08 养肝明目

09 润肺清咽

10 调节免疫力

- 部分图片含有薄荷叶等装饰物，不作为必要食材元素出现在材料中，可根据喜好添加。
- 书中标注的制作时间通常不包含浸泡、冷却时间，仅供参考。
- 用料中 1 茶匙固体材料为 5 克，1 茶匙液体材料为 5 毫升，1 汤匙固体材料为 15 克，1 汤匙液体材料为 15 毫升。

轻断食来杯果蔬汁，给身体做个“大扫除”

说起“轻断食”，爱美的“小仙女”们肯定不陌生。在全球范围内早已掀起狂潮的轻断食瘦身法被众多超模、明星、医学界人士推崇，在自媒体中关于它的内容比比皆是。

轻断食，又叫间歇性能量限制饮食，是按照一定规律在规定时期内禁食或给予有限能量摄入的饮食模式。轻断食采用了较为温和的方式进行断食，而非长时间完全禁食，因此比全断食更安全健康，减脂排毒效果却十分明显。

轻断食的好处

大部分人轻断食是为了达到减肥瘦身的目的，但是轻断食的好处可不止于此。轻断食已被公认的益处有：

常用的轻断食方法

●隔日断食法	第1天正常进食，第2天进食热量不超过500千卡（以优质蛋白和蔬果为主），第3天正常进食，持续此过程。
●5+2断食法	1周中任选2天作为断食日，热量摄取控制在正常值的20%左右（选择低脂、低热量、低GI、高蛋白食物），其他5天则正常饮食。
●16+8断食法	每天8小时内摄入食物，其余16小时除了喝水和果蔬汁外不再摄入任何食物。
●果蔬汁断食法	只喝白开水、果蔬汁和蔬菜汤，每日摄入热量控制在500千卡之内。建议1天内分6次，每次饮用200~500毫升果蔬汁。长期用果蔬汁代替正常饮食极易造成营养不均衡，因此建议1个月内只实行1天，勿长期持续使用。

※每个人可以根据自身状况选择适合自己的轻断食法，需要注意的是，轻断食并非适合所有人，特别是孕妇、哺乳期妇女、糖尿病患者，最好咨询专业医师给出具体方案，切忌盲目尝试。

果蔬汁，轻断食的好帮手

蔬菜、水果中富含的维生素能美容养颜，帮助脂肪燃烧；膳食纤维能减轻肠胃压力，缓解便秘；多酚类物质可以促进新陈代谢、调节免疫力、抗氧化、防衰老。且果蔬汁的热量较低、饮用方便、口感美味，是公认的轻断食好帮手。

无论采用哪种轻断食法，都可以在饮食中加入自制的果蔬汁。早餐前喝一杯果蔬汁，可以补充身体流失的水分。晚餐前喝一杯或用果蔬汁代替晚餐，可以增加饱腹感。

制作果蔬汁的注意事项及窍门

1

食材要新鲜

食材越新鲜，果蔬汁的味道越鲜美，并且营养成分更高。

2

提前焯烫断生

蔬菜先焯烫断生，能去掉氧化酶的活性，减少维生素的损失，还可以让果蔬汁颜色鲜艳，不易变色。

3

不要过度调味

水果和蔬菜本身味道鲜甜，喜甜或喜酸者，可以适当加入蜂蜜与柠檬汁。

4

控制鲜榨时间

榨汁时间不宜过长，使用电动榨汁机一般应控制在 10 ~ 20 秒。时间过长会使营养流失，还会影响口感。

5

尽快饮用

鲜榨果蔬汁最好即榨即喝，半小时内饮用完毕。长时间存放果蔬汁会变色，营养成分会被氧化，味道也会发生改变。

01 排毒消肿

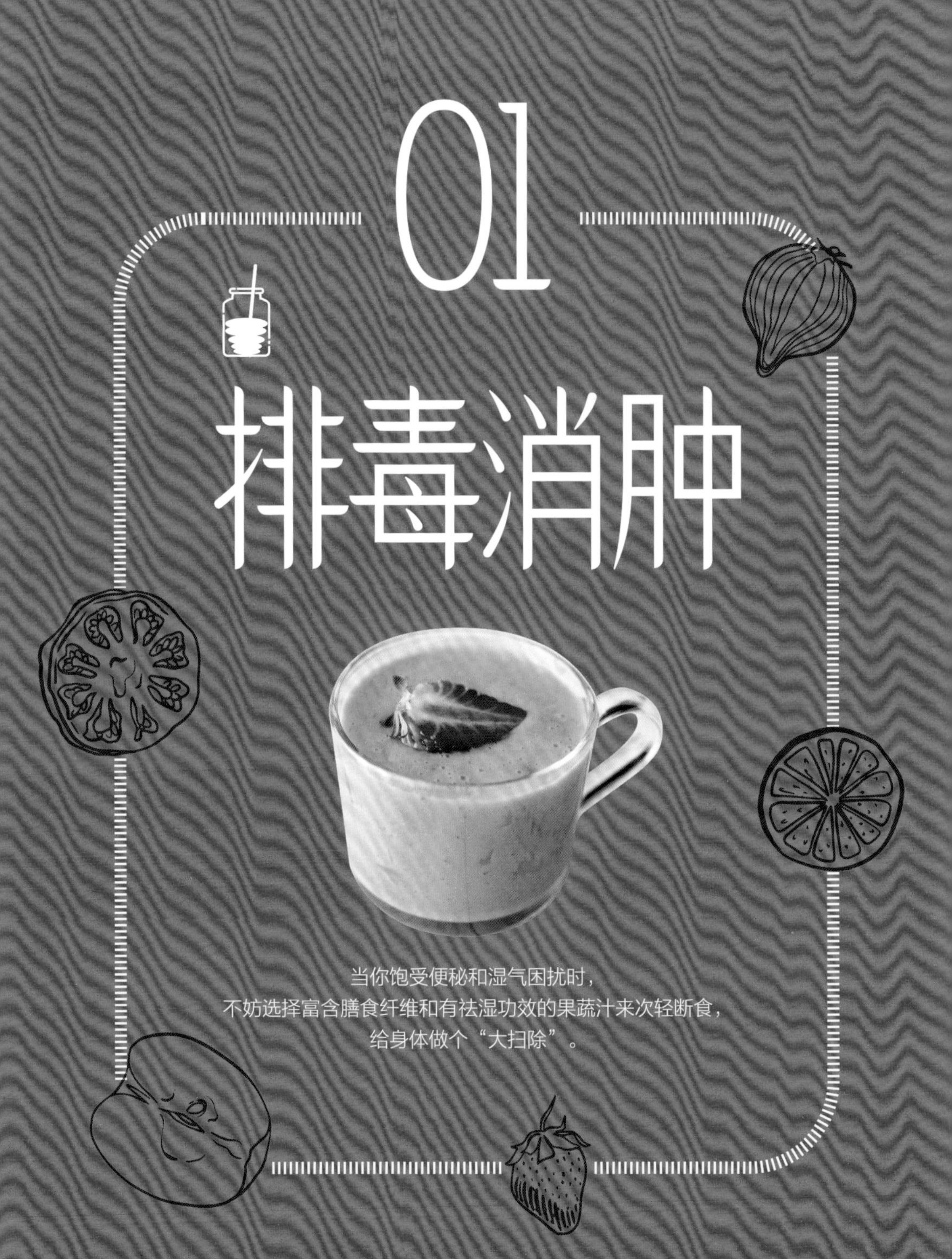

当你饱受便秘和湿气困扰时，
不妨选择富含膳食纤维和有祛湿功效的果蔬汁来次轻断食，
给身体做个“大扫除”。

草莓芒果多

5分钟　简单

材料

养乐多1瓶 / 酸奶100克 / 草莓100克 / 小芒果2个（约100克）

美丽说

富含维生素C的草莓和富含维生素A的芒果，都具有丰富的膳食纤维，再搭配益生菌满满的酸奶和养乐多，不仅补充维生素，还能有效缓解便秘、帮助消化，消除小肚腩。

做法

1. 草莓洗净，沥干水分。

2. 留1个草莓，余下的全部去蒂，放入榨汁机。

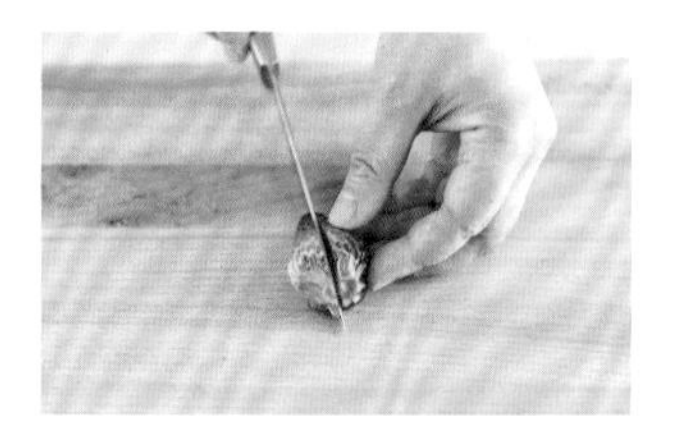

3. 将留下的1个草莓对半切开，注意保留绿色的草莓蒂。

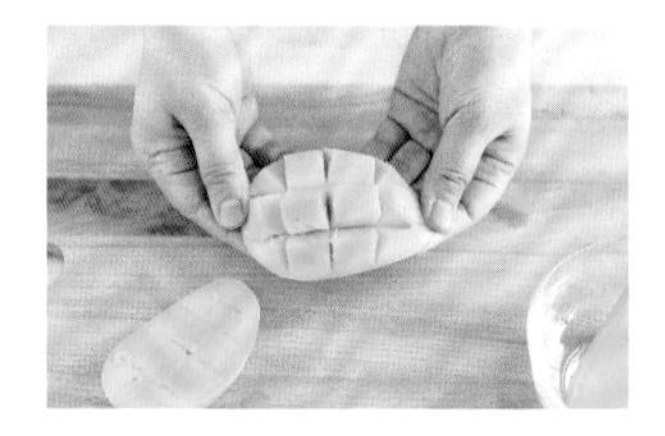

4. 芒果肉切成小块，放入榨汁机。

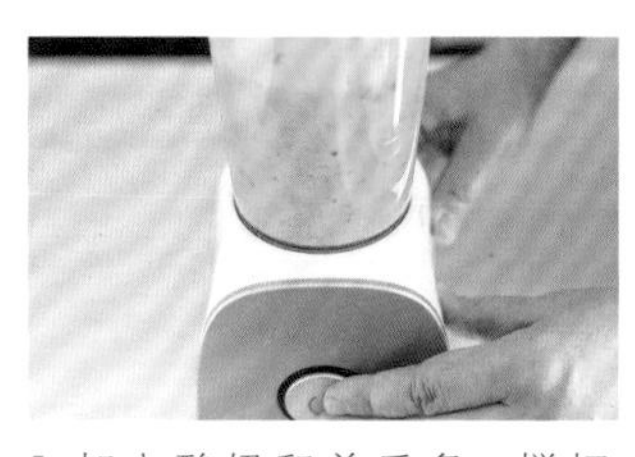

5. 加入酸奶和养乐多，搅打均匀。

6. 倒入杯中，上面点缀上草莓即可。

小贴士

如果觉得草莓蒂不干净或口感不好，也可以全部去除，用薄荷叶等食用香草点缀。

香蕉牛油多

 5分钟 简单

材料

牛油果1个（约100克）/
香蕉1根（约80克）/养乐多1瓶/
牛奶100毫升/蜂蜜10克

有着"森林奶油"之称的牛油果营养丰富，含糖量极低；香蕉能够润肠通便，抵抗疲劳，让人愉悦。由于这两种水果饱腹感极强，所以可以当作减肥时期的代餐哦！

做法

1. 牛油果切开，去核。

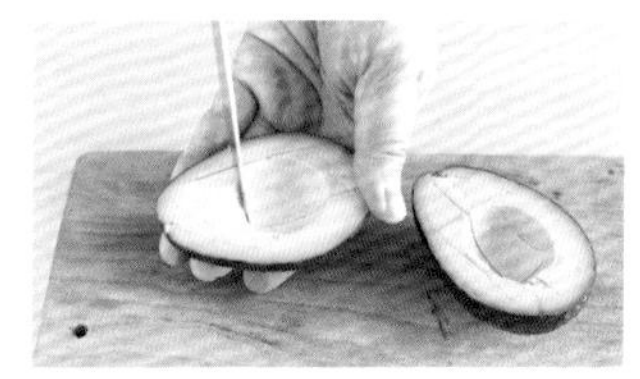

2. 将果肉划成方格状。

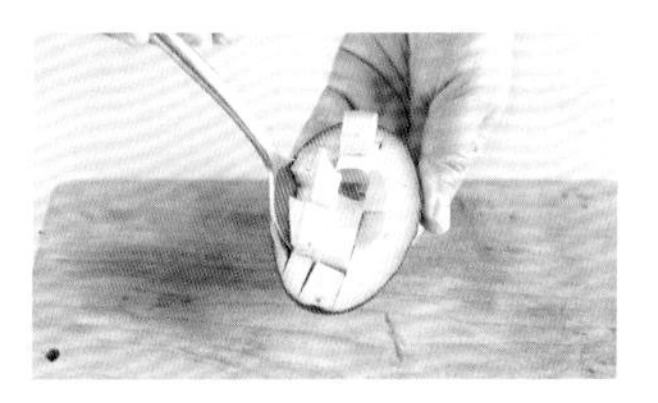

3. 用勺子贴着果皮将果肉挖出，留少许作为装饰，其余果肉倒入榨汁机。

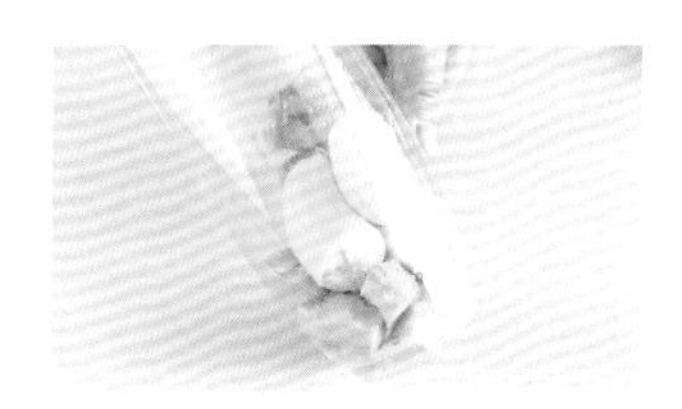

4. 香蕉去皮，切一片厚约0.5厘米的圆片备用，其余掰成小段放入榨汁机。

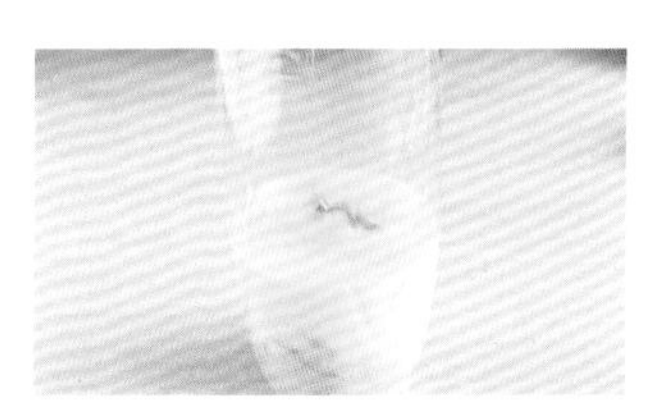

5. 加入蜂蜜、牛奶和养乐多，搅打均匀。

6. 倒入杯中，点缀上牛油果粒和香蕉片，可放薄荷叶装饰。

牛油果一定要选表面呈现深褐色，轻捏感到柔软的成熟果实来制作，口感才好。

香蕉梨子汁

5分钟　简单

材料

香蕉2根（约200克）/ 雪梨1个（约150克）

嗜辣如命的人，两三天不吃辣就觉得生活没有滋味，但爽完之后肠胃受不了。这杯香蕉梨子汁清凉可口，不但能够解辣去火，缓解肠胃不适，富含的膳食纤维还能够促进消化，帮助身体及时排出毒素。

做法

1. 香蕉剥皮，切成小块。

2. 将雪梨洗净，去皮、去核，切成小块。

3. 将雪梨放入榨汁机中，榨出梨汁。

4. 在梨汁中放入香蕉块。

5. 搅打均匀后装杯即可。

雪梨的果肉比较粗糙，先用榨汁机榨出原汁后再跟香蕉搅拌，口感会更加细腻。

凤梨冬瓜

8 分钟　简单

材料

凤梨半个（约 200 克）/ 冬瓜 200 克 / 蜂蜜 10 克

美丽说

你知道凤梨酥的内馅其实是凤梨和冬瓜熬制而成的吗？现在将这两种食材打成汁吧！有助于促进脂肪消化的凤梨，与消脂利尿的冬瓜一起做成果汁，没有高热量，只有舒爽与健康！

做法

1. 冬瓜洗净，去皮、去籽。

2. 切成厚约 0.5 厘米的片。

3. 烧一锅开水，将冬瓜片煮 5 分钟后捞出，沥干水分，放凉备用。

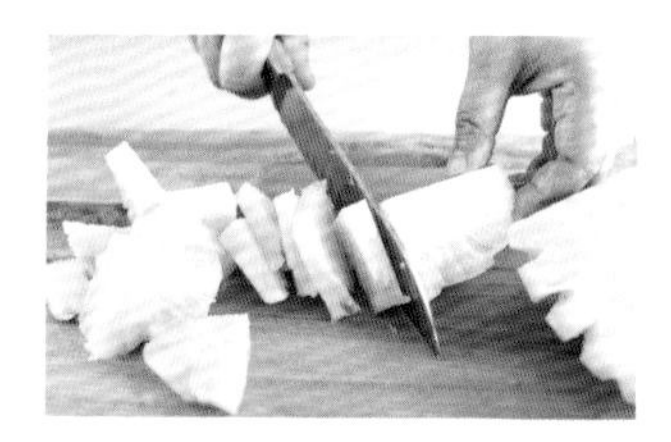

4. 凤梨去皮后切成小块，将 1 块切丁留作装饰。

5. 将冬瓜片和凤梨块一起放入榨汁机，加蜂蜜。

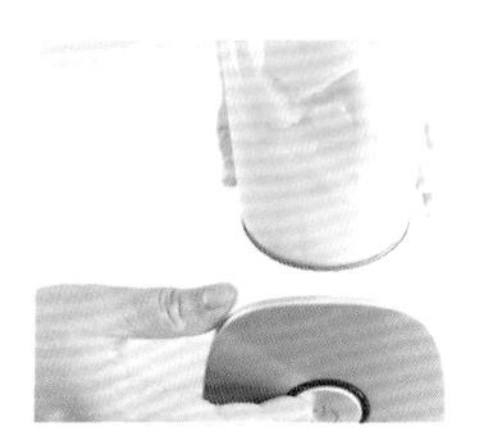

6. 搅打均匀，装杯后放上凤梨丁装饰即可。

小贴士

需要注意，凤梨与菠萝是同一科的不同品种，凤梨不需要预先进行盐水浸泡，如果使用菠萝来榨汁，需要预先将菠萝块放入淡盐水中浸泡 30 分钟，以免其中的菠萝酶对口腔产生刺激。

胡萝卜甜西芹

 10分钟 简单

材料

胡萝卜1小根（约50克）/
甜瓜半个（约200克）/
西芹2根（约100克）/蜂蜜10克/
柠檬半个（约25克）/纯净水50毫升

美丽说

胡萝卜与西芹、甜瓜都含有丰富的膳食纤维，能够促进肠道蠕动，排毒消脂。当你饱受便秘困扰时，这样一杯饮品要比任何清肠茶和泻药都来得更健康。

做法

1. 胡萝卜洗净，切成小块。

2. 西芹洗净，择去叶子，切去根部老化部分，切成小段。

3. 甜瓜洗净，削皮。去除瓤和籽，切小块，留几块作装饰。

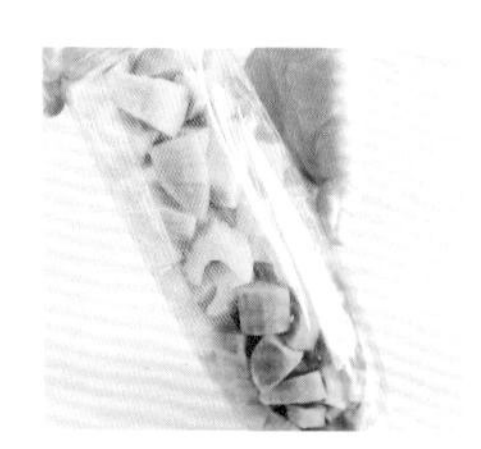

4. 将胡萝卜块、西芹段和甜瓜块放入榨汁机。

5. 用柠檬榨汁器榨取半个柠檬的果汁，倒入榨汁机。

6. 加入纯净水和蜂蜜。

7. 搅打均匀，放上甜瓜块装饰即可。

小贴士

芹菜有很多品种，其中西芹水分多，纤维少，口感脆嫩，最好不要用其他品种的芹菜替代，以免影响成品口感。

西芹柠檬汁

5 分钟  简单

材料

西芹 300 克 / 柠檬 1 个（约 50 克）/
蜂蜜少许 / 纯净水 100 毫升

西芹一般多用于做炒菜与配菜，但其实西芹榨汁也非常有营养，它含有大量的膳食纤维，可以加快肠道的消化，有减肥的功效。它与酸甜的柠檬搭配，口感甚好，还能够轻身消脂。

做法

1. 西芹洗净后撕去老筋，切成小段待用。

2. 柠檬洗净，切半，用柠檬榨汁器取柠檬的果汁待用。

3. 将西芹段放入榨汁机中，加入少许蜂蜜和纯净水，搅打均匀。

4. 将西芹汁倒入杯中，加入柠檬汁，搅拌均匀即可。

西芹叶子的营养比茎还要高，食用时应该将叶子与茎一起食用。

杨桃菠萝芒

10 分钟　简单

材料

杨桃 1 个（约 100 克）/
菠萝半个（约 200 克）/
大芒果半个（约 200 克）

杨桃与菠萝都含有能够帮助分解脂肪的成分，搭配芒果中的膳食纤维，可促进排毒，好喝又减脂。

做法

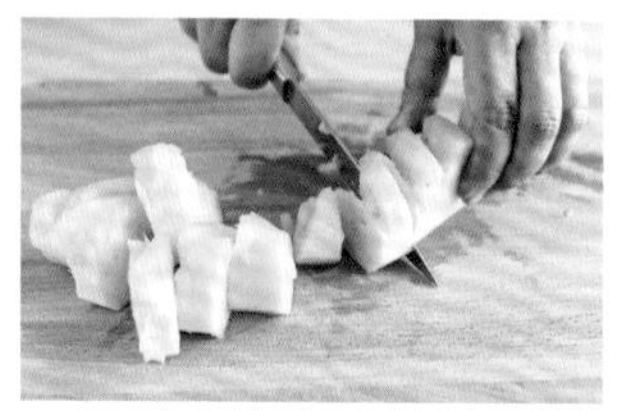

1. 菠萝去皮、挖去黑色孔洞（可请商家代为去皮），切成小块。

2. 将菠萝块放入盐水中浸泡 30 分钟左右。

3. 杨桃洗净，切成厚约 2 毫米的片，留出 2 片作装饰。

4. 芒果切开，利用玻璃杯的杯口取出果肉。

5. 将菠萝块、杨桃片和芒果肉放入榨汁机，打匀。

6. 倒入杯中，将步骤 3 的杨桃片放入杯中，可点缀薄荷叶装饰。

榨汁用的芒果最好选用大个头的大芒果，如果是小芒果，需要一个个切开取肉，相对麻烦一些。

雪梨莴笋小黄瓜

 10分钟  简单

材料

雪梨1个（约150克）/
莴笋半根（约200克）/
水果黄瓜1根（约60克）

美丽说

碧绿脆嫩的莴笋，搭配口感清新的小黄瓜、雪白多汁的雪梨，排毒利尿、清热祛火、消脂减肥，堪称果蔬汁中的“小清新”。

做法

1. 雪梨洗净，切成4瓣。

2. 用水果刀在果核出呈V字形划开，去除梨核。

3. 莴笋择去叶子，切去老化根部，削去外皮，洗净后取用上端较嫩的部分，切成小块。

4. 水果黄瓜洗净外皮，切去两端。

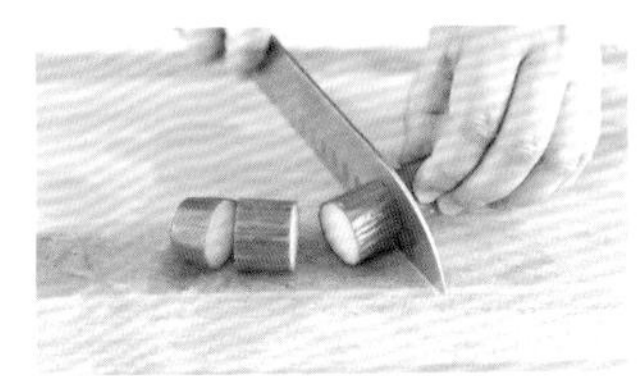

5. 切成长约3厘米的小段。

6. 将梨块、莴笋块、水果黄瓜块一并放入榨汁机，搅打均匀，可用薄荷叶装饰。

小贴士

- 剩余的莴笋可以切成薄片，加少许盐、醋和白糖，腌渍一晚做配粥小菜。
- 水果黄瓜水分多，口感更加清新，榨汁会更加好喝。如果买不到可以用普通黄瓜代替。

雪梨苹果黄瓜汁

 6 分钟 简单

材料

雪梨 2 个（约 300 克）/
苹果 2 个（约 200 克）/
黄瓜 1 根（约 100 克）/ 蜂蜜少许 /
纯净水 50 毫升

美丽说

雪梨甜美多汁、润肠通便；黄瓜味道清香，富含维生素。雪梨和黄瓜的搭配，不仅美容护肤、延缓衰老，还能促进肠胃蠕动，有减肥的功效。再加上苹果提味，酸甜可口。

做法

1. 雪梨洗净，去皮、去核，切成 4 瓣待用。

2. 黄瓜洗净，去头、去根，切成小块待用。

3. 苹果洗净，去核，切成小块待用。

4. 将全部蔬果一起放入榨汁机中，加入少许蜂蜜和纯净水，搅打均匀即可。

小贴士

黄瓜皮的营养非常丰富，尽量不要去皮。清洗时应将整个黄瓜在盐水里浸泡 15 分钟，这样能更好地清洗掉黄瓜皮上的农药残留。

黄瓜西芹猕猴桃

10 分钟　简单

材料

水果黄瓜 1 根（约 60 克）/ 西芹 200 克 / 猕猴桃 1 个（约 60 克）

三种绿色的蔬果打出的果汁，看着就清爽宜人。堪称“瘦身小能手”的水果黄瓜，单是咀嚼和消化它所要付出的热量就要高于它本身的热量；西芹中满满都是膳食纤维，润肠通便功效极佳；再搭配富含维生素 C 的猕猴桃，让你的舌尖和身体都仿若置身于绿色森林一般。

做法

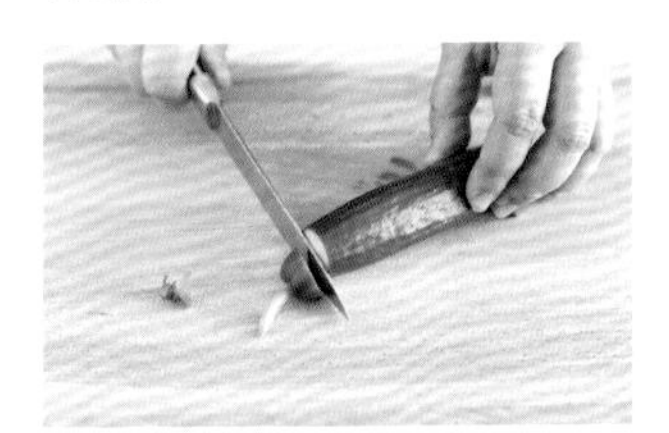

1. 水果黄瓜洗净外皮，切去两端。

2. 切成小块，放入榨汁机。

3. 西芹择去芹菜叶，切去根部，洗净后沥干水分。保留一小片芹菜的嫩叶备用。

4. 将西芹切成小段，放入榨汁机。

5. 猕猴桃去皮，将果肉放入榨汁机。

6. 搅打均匀后倒入杯中，点缀上预留的芹菜叶即可。

西芹相较于普通芹菜，水分多、纤维较少，打汁口感更佳，所以不建议用普通芹菜来代替。

黄瓜蓝莓脐橙茶

15 分钟 简单

材料

黄瓜 1 根（约 100 克）/ 蓝莓 20 克 / 脐橙 1 个（约 120 克）/ 绿茶包 1 包 / 蜂蜜少许 / 纯净水 700 毫升

清香爽口的黄瓜加上酸甜的蓝莓和脐橙，茶香中散发水果的清香，一杯入口，让人意犹未尽。这款茶饮能消肿减肥，还能美容养颜、增强抵抗力。

做法

1. 黄瓜洗净，去头、去根，用刨皮刀从上往下，将黄瓜刮成薄片，放入冷饮壶中。

2. 蓝莓洗净，放入冷饮壶中；脐橙洗净，切成薄片，放入冷饮壶中。

3. 煮锅内加入纯净水，大火烧开后关火。

4. 把绿茶包放入开水中，提着茶包的线，上下浸泡 10 次左右，取出茶包。

5. 将绿茶水倒入冷饮壶中，与其他食材一起搅拌均匀。

6. 将茶水放凉到不烫手，加入少许蜂蜜调味即可。

水果茶做好之后，可以放入冰箱冷藏一两个小时，加入冰块，这样口感会更好。

甜椒猕猴桃菠菜汁

8 分钟  简单

材料

黄甜椒 50 克 / 猕猴桃 2 个（约 200 克）/
菠菜 60 克 / 蜂蜜少许 / 纯净水 80 毫升

美丽说

菠菜含有大量的膳食纤维，可以帮助消化，利于排便。用它榨成的果蔬汁看上去也是生机勃勃的，与甜椒、猕猴桃搭配，口感酸酸甜甜，清晨喝一杯，浑身上下充满了力量。

做法

1. 黄甜椒洗净后切开，去蒂、去籽，用刀刮少许丝作装饰，其余的切小块。

2. 猕猴桃洗净，切去两头，去掉果皮，切成小块待用。

3. 菠菜洗净，去除根部，择掉黄叶，切成段待用。

4. 将处理好的菠菜放入沸水中，焯 1 分钟，捞出，沥干水分。

5. 将黄甜椒块、猕猴桃块、菠菜一起放入榨汁机中。

6. 加蜂蜜和纯净水搅匀，盛出后放上黄甜椒丝装饰。

小贴士

菠菜焯水的时间不宜过长，否则维生素会流失，一般建议大火焯一两分钟即可。

青苹百香紫甘蓝

8 分钟　简单

材料

青苹果 1 个（约 100 克）/
百香果 1 颗（约 30 克）/
紫甘蓝 1/4 棵（约 200 克）/ 纯净水 150 毫升

酸甜多汁的青苹果，馥郁芳香的百香果，能把颜色迷人的紫甘蓝变得芬芳甜美。紫甘蓝中富含膳食纤维和抗氧化成分，能够促进肠道蠕动，消脂排毒，同时保护身体免受自由基的伤害。

做法

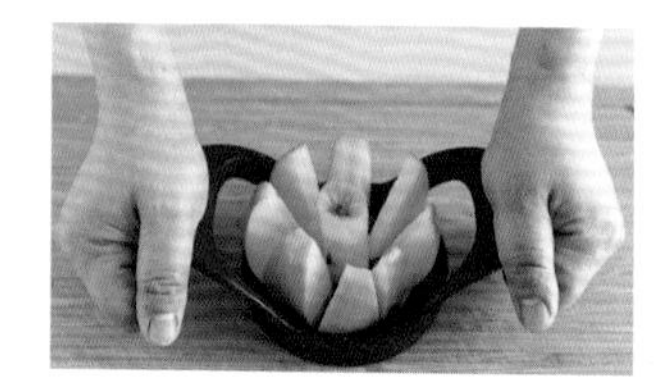

1. 青苹果洗净外皮，果把朝下，用切苹果器对准果核用力下压。

2. 丢弃果核，将苹果瓣放入榨汁机。

3. 将滤网架在榨汁机上；百香果对半切开，用勺子挖出果肉，倒在滤网上，仅使用果汁。

4. 紫甘蓝洗净，剥去外面一层老叶，切成细丝。

5. 留少许紫甘蓝丝，将其余的紫甘蓝放入榨汁机内，加纯净水，搅打均匀。

6. 倒入杯中，点缀上紫甘蓝丝即可。

百香果只有到外皮全部皱巴巴像坏掉的样子，内部才是真正的成熟，这时的百香果酸度大大降低，果汁丰富，是食用的最佳时机。

菠萝苹果紫甘蓝汁

15 分钟　简单

材料

菠萝 1 个（约 300 克）/
苹果 1 个（约 150 克）/
紫甘蓝 200 克 / 蜂蜜少许 / 盐 2 茶匙

紫甘蓝富含膳食纤维和花青素，可以促进消化，预防便秘，还可以美容养颜。它与菠萝、苹果搭配制作的果蔬汁，不仅颜色特别，而且调和了苹果和菠萝的酸味，使果蔬汁更加甘甜可口。

做法

1. 用水果刀将菠萝的两头切掉，然后将菠萝皮从上往下削掉。

2. 用水果刀对着菠萝眼打 V 字刀，切掉菠萝眼。

3. 将菠萝先切成 4 块，然后去掉心部，切成小块。

4. 将菠萝放入空盆，加入刚刚没过菠萝的水，放入盐，在盐水中浸泡 30 分钟，洗净待用。

5. 苹果洗净，去核，切成 6 瓣待用；紫甘蓝洗净，切成丝待用。

6. 将菠萝块、苹果块、紫甘蓝丝一起放入榨汁机中，加入少许蜂蜜，搅打成汁即可。

菠萝先在盐水中浸泡 30 分钟，能够降低菠萝酶的活性，避免对口腔的刺激；还能中和菠萝中的草酸，并可使菠萝的味道更甜。

紫甘蓝芒果雪梨汁

10 分钟　简单

材料

紫甘蓝 50 克 / 芒果 1 个（约 250 克）/ 雪梨 1 个（约 200 克）/ 蜂蜜少许 / 冰块少许 / 纯净水 80 毫升

芒果富含维生素 A，有防癌抗癌的食疗功效，它还含有大量的膳食纤维，可以促进排便，预防便秘。搭配紫甘蓝和雪梨，营养满分，酸甜可口，那独有的清香，让人一闻见就想喝一口。

做法

1. 将紫甘蓝一片片剥下来，清洗干净，在淡盐水中浸泡 15 分钟。

2. 再将紫甘蓝用清水冲洗干净，切成小块待用。

3. 芒果去皮、去核，切成小块待用。

4. 雪梨去皮、去核，切成 4 瓣待用。

5. 将紫甘蓝、芒果、雪梨一起放入榨汁机中，加入少许蜂蜜和纯净水，搅打均匀。

6. 将打好的紫甘蓝芒果雪梨汁倒入杯中，加入少许冰块，搅拌均匀即可。

清洗紫甘蓝的顺序很重要，第一步先清洗；第二步浸泡，去除残留物；第三步冲洗；第四步切碎。如果先切碎再清洗，会使紫甘蓝中的水溶性营养成分流失。

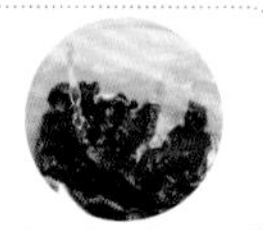

甜瓜莴笋蜜柚

 10 分钟  简单

材料

甜瓜 1/4 个（约 200 克）/
莴笋 1/3 根（约 100 克）/
蜜柚 1/4 个（约 100 克）

美丽说

莴笋中的乳状浆液能够帮助人体排出毒素。同时这三种蔬果都富含膳食纤维，能有效帮助肠道蠕动，让你的肠胃和身体都轻松起来。

做法

1. 甜瓜洗净、削皮，对半切开。

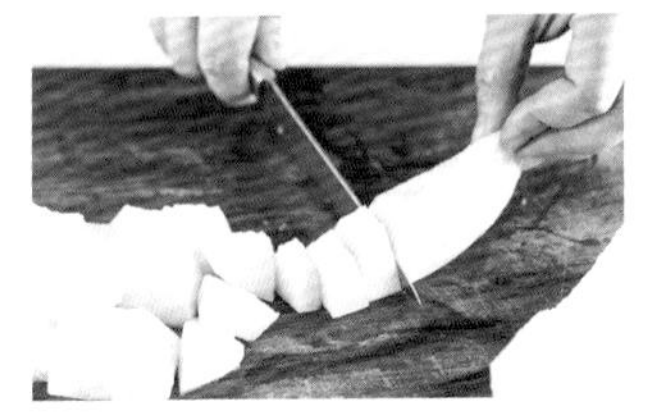

2. 挖去甜瓜籽，然后切成小块，将几块切丁作装饰。

3. 莴笋择去叶子，切去老化根部，削去外皮后洗净。

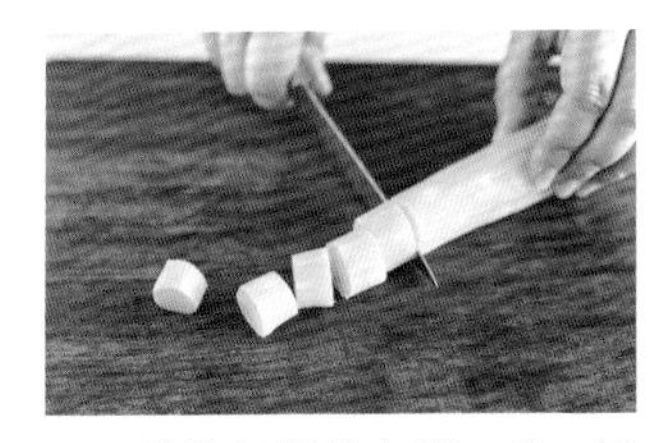

4. 取莴笋娇嫩的上端一段，切成小块。

5. 蜜柚去皮去籽，剥出果肉。

6. 将甜瓜、莴笋、蜜柚搅打均匀，装杯后点缀甜瓜丁，可用薄荷叶装饰。

小贴士

莴笋的外皮纤维极多，所以削皮的时候一定要多削一些，露出嫩绿多汁的果肉才可以。

冬瓜芦笋火龙蜜

8分钟　简单

材料

冬瓜 200 克 / 芦笋 100 克 /
火龙果半个（约 150 克）/ 蜂蜜 1 汤匙

冬瓜热量极低，膳食纤维丰富，因此是纤体必备的好食材；芦笋富含硒和人体必需的氨基酸，抗癌抗衰老效果卓越；火龙果甜度低，又富含多种维生素。这个组合搭配最适合运动后补充水分和能量。

做法

1. 冬瓜洗净，切去外皮，去除籽及中间绵软的部分。

2. 切成小块备用。

3. 芦笋洗净，沥干水分，切去老化的根部。

4. 将芦笋切成长约 3 厘米的小段，留 1 个笋尖，其余的放入榨汁机。

5. 火龙果对半切开，用勺子挖出果肉，和其他原料一起放入榨汁机。

6. 加入蜂蜜，搅打均匀，倒入杯中，点缀上芦笋尖即可。

也可以用挖果勺挖出一颗火龙果球作为点缀，也非常漂亮。

西柚甜菜汁

 10 分钟 简单

材料

西柚 2 个（约 150 克）/
甜菜根 2 个（约 80 克）/
纯净水 50 毫升

美丽说

甜菜有着“人体清道夫”之称，用来榨汁可以有效净化人体血液，排出毒素，搭配西柚，能让人气色变得红润，让肌肤变得光滑细腻。

做法

1. 将西柚去皮，去除白色筋络，用力分瓣，切成小块。

2. 将甜菜根洗净，去头、去尾，削皮，切成小块。

3. 将甜菜根和西柚块一起放入榨汁机中，加入纯净水。

4. 搅匀后装杯即可。

小贴士

- 西柚的筋络发苦发涩，在剥西柚皮时，尽量把其去除干净，如果还有残留，可以在装杯后加勺蜂蜜调和一下。
- 甜菜根略带土腥味，建议先用水浸泡后再榨汁，土腥味会减少很多。

圣女果甘蓝汁

 5 分钟 简单

材料

圣女果 15 克 / 紫甘蓝 100 克 / 蜂蜜 2 茶匙 / 鲜柠檬 10 克 / 纯净水 150 毫升

美丽说

紫甘蓝富含膳食纤维，可清肠排毒，减少脂肪堆积。与圣女果搭配，整道果蔬汁的热量极低，还能令人有饱腹感，经常饮用，有助于减脂瘦身。

做法

1. 将圣女果洗净，去蒂，切成两半。

2. 将紫甘蓝洗净，按照纹路切成细丝。

3. 将鲜柠檬洗净，取用 1/4 个，去皮、去籽，切块。

4. 将圣女果、紫甘蓝细丝和柠檬块一起放入榨汁机中，加入蜂蜜和纯净水。

5. 搅打均匀，装杯即可。

小贴士

紫甘蓝特别容易氧化变色，加入柠檬汁后不但可以调味，还可以确保果蔬汁颜色更加艳丽，喝起来更有感觉。

西瓜苹果汁

5 分钟  简单

材料

西瓜 200 克 / 苹果 2 个（约 150 克）/ 柠檬 1 薄片

这款西瓜苹果汁几乎保留了西瓜和苹果的所有营养成分，不仅可以生津解渴、清热去烦，还能消除水肿、提升食欲，坚持饮用还有排毒养颜的效果，让你越喝越美丽。

做法

1. 将苹果洗净，去皮、去核，切成小块。

2. 西瓜用勺子挖出块状，无须去籽。

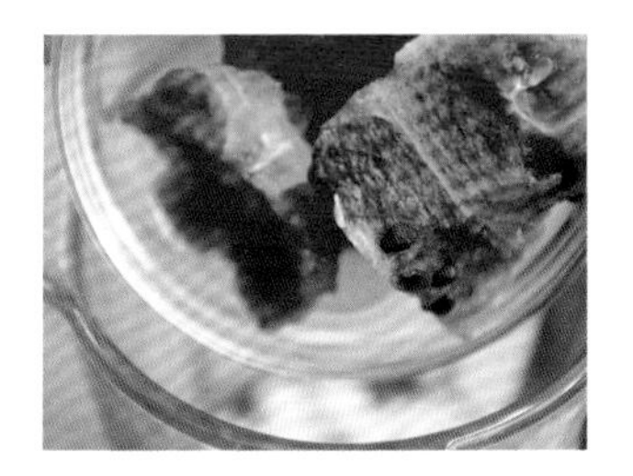

3. 将苹果块和西瓜块先后放入榨汁机中，榨出果汁。

4. 倒入杯中搅匀，将柠檬片放入杯中或插在杯口装饰即可。

如果更喜欢喝冷饮，西瓜可以先放入冰箱中冰镇一下，榨汁时一定要把西瓜放在上面，这样才能榨出更多西瓜汁。

美丽说

莴笋木瓜汁可以促进消化，消除水肿，让人变得轻盈有活力，对减肥瘦身有着很好的效果，坚持常喝，还能美容养颜呢。

莴笋木瓜汁

5 分钟　简单

材料

莴笋 100 克 / 木瓜 1 个（约 350 克）/
蜂蜜 1 汤匙 / 柠檬 2 薄片 / 纯净水 100 毫升

做法

1. 莴笋去皮、洗净，改刀，切成小块。
2. 木瓜洗净，去皮，对半切开后去籽，切成小块。
3. 将莴笋块和木瓜块放入榨汁机中，加蜂蜜和纯净水，搅打均匀，装杯，放上柠檬片。

小贴士

莴笋可以生吃，焯水容易破坏其营养。莴笋皮有较强的苦涩味，建议削皮后再榨汁。

美丽说

苦瓜热量低，还可以调节肠胃吸收，增强脂肪代谢能力，减少脂肪堆积；而白萝卜润肠通便，利水消肿，两者搭配，特别利于纤体瘦身。但需要注意，两者都属寒性食物，脾虚胃弱者不可多食。

苦瓜白萝卜汁

10 分钟　简单

材料

苦瓜 1 根（约 80 克）/ 白萝卜 200 克 / 冰糖 10 克 /
纯净水 100 毫升

做法

1. 苦瓜洗净，切开后去籽，刮出白瓤，切成丁。
2. 净锅加冷水，大火煮开，放入苦瓜丁焯水，捞出沥干。
3. 白萝卜洗净，削皮，切成小块。
4. 将苦瓜丁和白萝卜块一起放入榨汁机中，加入冰糖和纯净水。
5. 搅打均匀，装杯即可。

小贴士

苦瓜瓤的苦味浓重，口感粗糙，建议去除干净后再榨汁，如果不介意苦味，可以不用开水焯。

南瓜橘子汁

10 分钟  简单

材料

南瓜 200 克 / 橘子 200 克 / 蜂蜜少许 /
纯净水 100 毫升

做法

1. 南瓜去皮，去籽，切成小块后放入沸水中氽烫两三分钟，捞出，沥干水分。
2. 橘子去皮，剥瓣、去籽后与南瓜一起放入榨汁机中。
3. 加入蜂蜜和纯净水，搅打均匀即可。

橘子榨汁后会有一些细的果渣，想要口感细腻一些，可以用滤网过滤掉果渣。

美丽说

南瓜富含果胶，可以保护肠胃黏膜，帮助消化；橘子富含维生素 C 与柠檬酸，能美容养颜，消除疲劳。

小白菜蜜桃思慕雪

12 分钟 简单

材料

小白菜 150 克 / 水蜜桃 120 克 / 酸奶 250 毫升 /
蜂蜜少许 / 即食燕麦片少许 / 蛋卷饼干 2 根

做法

1. 小白菜洗净，将叶子焯 1 分钟后捞出。
2. 将 150 毫升酸奶倒入榨汁机中，加蜂蜜和小白菜叶搅匀，倒入杯中。
3. 水蜜桃洗净，去皮、去核，切成小块，放入榨汁机中，倒入剩余酸奶，搅匀后倒在小白菜奶昔上，撒燕麦片，插上蛋卷饼干。

将小白菜焯水，不但可以去除农药残留物，还可以去除草酸，提升口感。

美丽说

富含膳食纤维的小白菜可排出肠道毒素，富含维生素的水蜜桃能滋养皮肤，一杯低卡饮品，让你轻松减脂。

美丽说

这道火龙果香蕉奶昔被很多人称为治疗便秘的良药，每天早上喝一杯，不仅可以调节肠胃、预防便秘，还能排毒养颜、美白肌肤。

火龙果香蕉奶昔

5 分钟　简单

材料

红心火龙果 100 克 / 香蕉 1 根（约 80 克）/
纯牛奶 150 毫升 / 酸奶 100 毫升 / 冰块适量

做法

1. 红心火龙果横着对半切开，取一半用勺子挖出果肉，切丁。香蕉剥皮，折小段。
2. 将火龙果和香蕉放入榨汁机中，倒入酸奶、纯牛奶和冰块搅拌 30 秒，装杯，可用少许酸奶做出拉花效果。

小贴士

红心火龙果打出来的奶昔颜色艳丽好看，滋味也更甘甜，白心火龙果放点蜂蜜或糖调和一下，一样香甜可口。

美丽说

生菜热量低而且富含膳食纤维，能够促进消化、改善肠胃。椰子可以利水消肿、嫩白肌肤，加上营养十足的牛奶，让你不知不觉瘦下来。

生菜椰子奶昔

15 分钟　中等

材料

生菜 150 克 / 新鲜椰肉 100 克 /
纯牛奶 250 毫升 / 白砂糖 1 汤匙

做法

1. 生菜洗净，切成小段，备用。
2. 新鲜椰子将椰汁喝掉后，切开椰子壳，挖出椰肉。
3. 把椰肉切成小块备用。
4. 将生菜和椰肉一起放入榨汁机中，加入纯牛奶和白砂糖。
5. 搅拌均匀，装杯即可。

小贴士

取椰肉时一定要注意安全，建议用刀叉剔出来。如果椰汁喝不完，也可以倒入榨汁机中一起搅打，椰香更浓郁。

西芹奶昔

 10 分钟 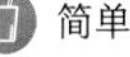 简单

材料

西芹 50 克 / 纯牛奶 250 毫升 / 白砂糖 1 汤匙

做法

1. 将西芹撕去老筋，洗净，留 2 段作装饰，其余的切小段备用。
2. 将西芹放入榨汁机中，加入纯牛奶和白砂糖。
3. 搅打均匀，装杯，插西芹段装饰即可。

小贴士 尽量选取比较鲜嫩的西芹，肉厚味浓。不喜欢西芹叶的可以择掉。另外，不建议西芹过水煮，生食营养更全面。

美丽说 西芹富含膳食纤维，可以促进肠胃蠕动，还能镇静安神、缓解焦虑等。与牛奶搭配更能强身健体、增强免疫力。

红豆奶昔

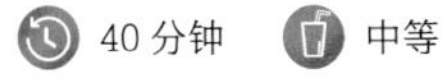  40 分钟 中等

材料

红豆 20 克 / 纯净水 150 毫升 / 鲜牛奶 500 毫升 / 红糖 1 汤匙

做法

1. 红豆洗净，放入高压锅中，倒入纯净水，煮熟。
2. 净锅，倒入鲜牛奶，小火加热，煮开后关火。
3. 将煮熟的红豆和红豆汤一起倒入榨汁机中，加入红糖和热牛奶。
4. 搅打均匀，装杯即可。

小贴士 红豆必须煮熟后才能食用，也可以用锅煮，提前将红豆浸泡，熬出红豆沙后就可以关火了。

美丽说 红豆能够消除水肿，去除湿气，对肾脏也有滋补效果，常吃能清热解毒、瘦身美颜。而牛奶则是补钙高手，两者组合特别适合减肥的朋友饮用。

美丽说

百香果富含膳食纤维，有保护肠胃的功效；西柚富含维生素 P，有美肤养颜的功效。

蜂蜜西柚百香茶

15 分钟　简单

材料

蜂蜜 2 汤匙 / 西柚 200 克 / 百香果 20 克 / 红茶包 1 包 / 冰块少许 / 纯净水 700 毫升

做法

1. 煮锅内加入 700 毫升纯净水，大火烧开后关火。
2. 把红茶包放入开水中，提着线上下浸泡 10 次左右，取出茶包。将红茶水倒入冷饮壶中，冷藏1小时降温。
3. 百香果洗净，切成两半，取出果肉，放入冷饮壶中。
4. 西柚洗净，去皮，果肉捣碎后加蜂蜜搅拌均匀。
5. 将蜂蜜西柚汁倒入冷饮壶中，搅拌均匀。加入冰块。

小贴士

如果觉得西柚处理起来比较麻烦，也可以用蜂蜜柚子酱代替。

美丽说

这道冬瓜茉莉茶是一道清热解暑、祛湿补气的妙方，长期饮用还有美白祛斑、延年益寿的效果。

甜酿冬瓜茉莉茶

40 分钟　中等

材料

冬瓜 50 克 / 茉莉花茶 5 克 / 红糖 3 汤匙

做法

1. 冬瓜切小丁，放入碗中。加红糖搅拌均匀后，腌制直至出水。
2. 净锅，放入冬瓜丁和腌制后的糖水，大火煮开后转小火。直至糖浆变黏稠、冬瓜变透明，关火。
3. 将酿好的冬瓜茶过滤出汁，放入碗中备用。
4. 茉莉花茶洗净，温水泡软后捞出，沥干。
5. 取 2 茶匙冬瓜茶汁倒入杯中，沸水冲泡后放茉莉花。

小贴士

冬瓜要选取黑皮的，味道足，皮和籽都不要去除，一起用来煮茶，消暑效果更明显。

02 低卡减脂

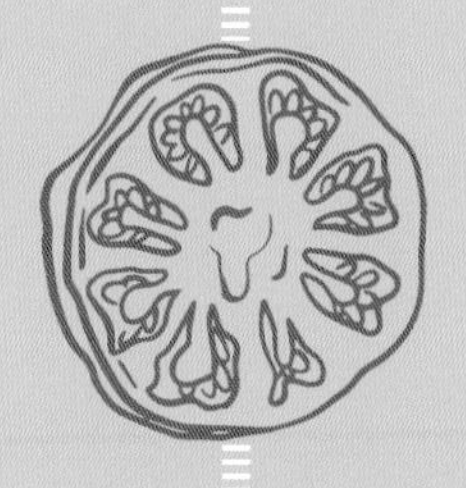

热量极低却营养丰富的蔬果汁是轻断食期间的
代餐好选择，既能增加饱腹感，又可以加快新陈代谢，
促进消化，减脂瘦身。

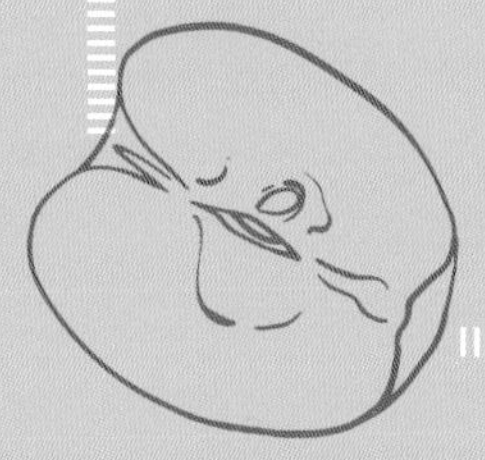

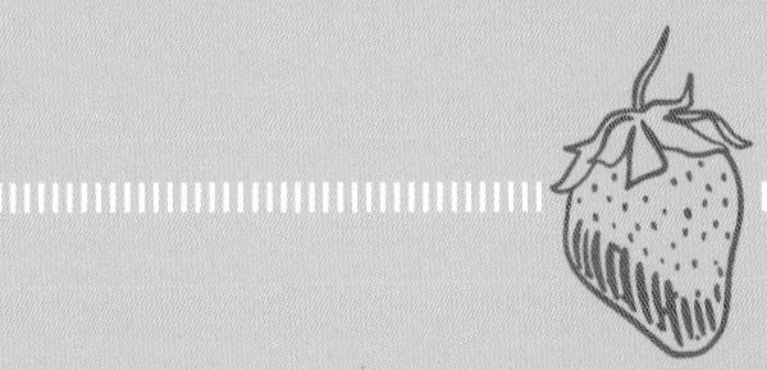

香橙雪梨

5 分钟　简单

材料

脐橙 1 个（约 120 克）/
雪梨 1 个（约 120 克）/
柠檬半个（约 25 克）

美丽说

脐橙富含维生素 C 和胡萝卜素，并且散发出的气味对缓解情绪有着非常积极的作用。雪梨甜蜜多汁，与橙子打出的果汁充满颗粒感，点缀一丝柠檬的酸，轻身消脂，喝下去心情都跟着好起来。

做法

1. 脐橙洗净，切成 6 瓣。

2. 用手掰开橙子瓣的两边，使果肉和果皮分离。

3. 雪梨洗净外皮，用刀沿纵向切成 4 瓣。

4. 在梨核处呈 V 字形划两刀，去除果核，切成小块，和橙肉一起放入榨汁机。

5. 用柠檬榨汁器榨取半个柠檬的果汁，倒入榨汁机。

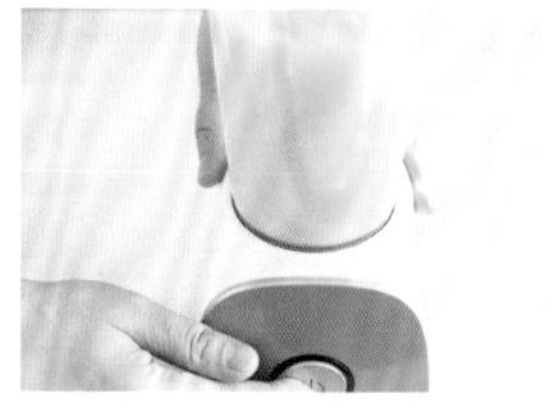

6. 搅打均匀，可点缀薄荷叶装饰。

小贴士

- 市售有小瓶装的柠檬纯汁，可以代替鲜柠檬使用。
- 如果购买的橙子中有果核，需要预先去除，再放入榨汁机。

甜蜜苦瓜

8 分钟  简单

材料

哈密瓜 1/4 个（约 350 克）/
苦瓜 1 根（约 100 克）/ 蜂蜜 20 克

苦瓜清热解毒、消脂降糖，尤其是生食对身体健康颇有益处。搭配以甜蜜著称的"瓜中之王"哈密瓜，再加点蜂蜜，打成果汁一饮而尽，喝下健康就是这么简单！

做法

1. 苦瓜洗净外皮，对半剖开，去除苦瓜的籽及白色瓜瓤。

2. 将苦瓜切成薄片，冲洗两遍。

3. 将苦瓜片放入保鲜盒，淋上蜂蜜拌匀，放入冰箱冷冻 10 分钟左右。

4. 哈密瓜洗净，削皮去籽，切成小块。

5. 将哈密瓜块放入榨汁机，取出冷冻过的蜂蜜苦瓜一并加入榨汁机。

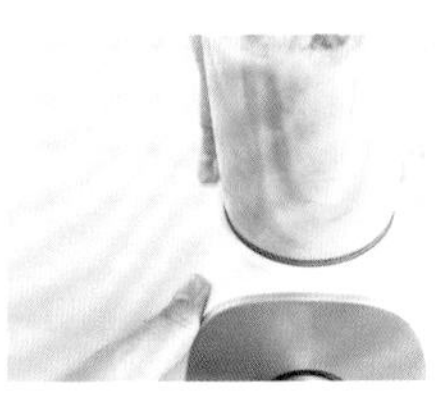

6. 搅打均匀即可。

冷冻可降低苦瓜的苦涩，可一次多冷冻些蜂蜜苦瓜，需要榨汁时提前取出自然解冻即可。

奇异瓜瓜

 8分钟  简单

材料

猕猴桃1个（约60克）/
黄瓜1根（约100克）/ 甜瓜半个（约200克）

美丽说

富含维生素的猕猴桃味道清新，用来做果汁时里面的籽也是味蕾上的小惊喜。黄瓜是瘦身小能手，打成汁会有非常惊艳的清爽口感，搭配甜瓜的香甜多汁，清爽而甜美。

做法

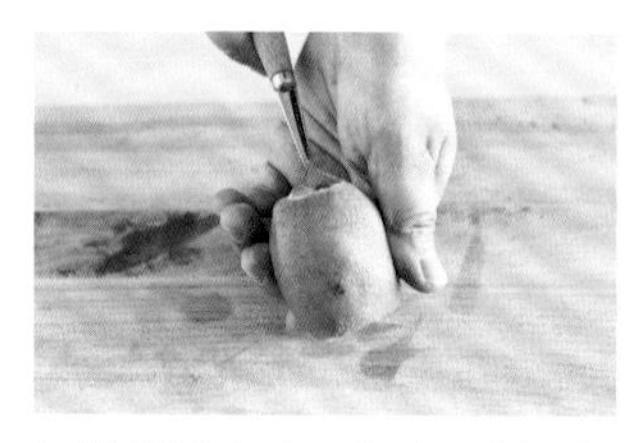

1. 猕猴桃去皮，取肉。留一部分切丁作装饰，其余切块。

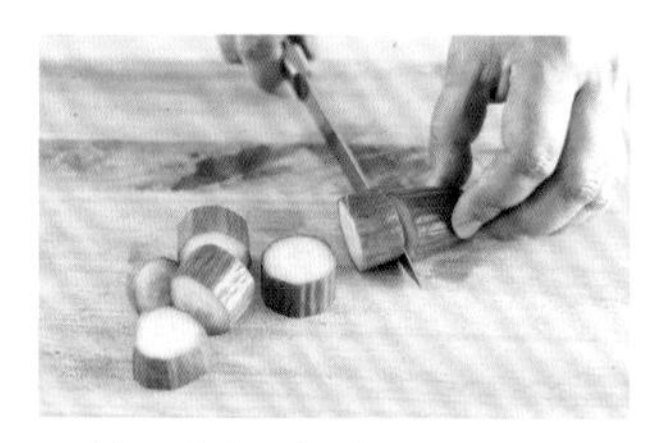

2. 黄瓜洗净，切成厚约2厘米的小段。

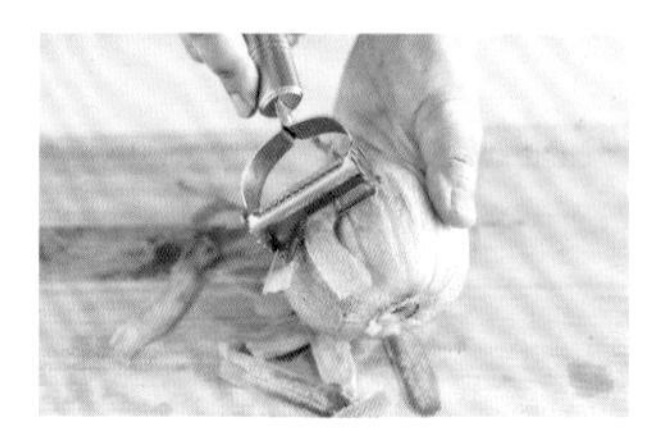

3. 甜瓜洗净，削皮。

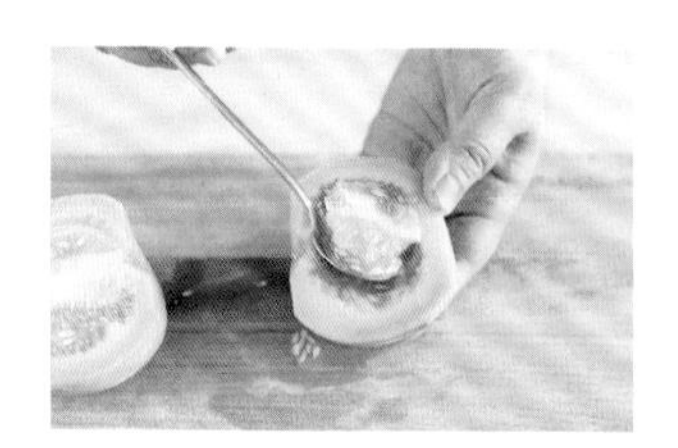

4. 对半切开，去除瓜瓤和籽。

5. 切成小块。

6. 将猕猴桃块、黄瓜段、甜瓜块搅打均匀，装杯后放猕猴桃丁装饰即可。

小贴士

如果购买的甜瓜很嫩，籽较柔软，可以保留籽和瓤，这部分甜度很高，做出的果汁会更加可口。

生菜黄瓜汁

5分钟  简单

材料

生菜 200 克 / 黄瓜 1 根（约 100 克）/
蜂蜜 2 汤匙 / 纯净水 50 毫升

这款果蔬汁历来都是减肥人士的最爱。黄瓜搭配生菜，再调入些蜂蜜，在消耗身体多余脂肪的同时，还能使肌肤更加光滑细腻，这对于那些一胖就容易长痘的人来说，有很好的帮助！

做法

1. 生菜洗净，切小段。

2. 黄瓜洗净，削皮，去除瓜蒂，切小块。

3. 将生菜和黄瓜放入榨汁机中，加入蜂蜜和纯净水。

4. 搅打均匀，装杯即可。

生菜略带苦味，加入蜂蜜可以调和口味。黄瓜不去皮也可以，但建议用盐水搓洗，会更干净，但味道会有点涩，不如去皮之后好喝。

奇异蜜柚火龙果

8 分钟　简单

材料

猕猴桃 1 个（约 60 克）/
蜜柚 1/4 个（约 100 克）/
火龙果 1 个（约 300 克）

火龙果含有植物蛋白质，饱腹感很强，搭配富含维生素和水溶性膳食纤维的猕猴桃和蜜柚，口感清新，又能当作减脂期的代餐。

做法

1. 猕猴桃取出果肉，切几小片备用。

2. 蜜柚切开，取 1/4 个，分成 3 瓣。

3. 将蜜柚去皮去籽，尽量去除白色瓣膜，剥出蜜柚肉。

4. 火龙果对半切开，用勺子取出果肉。

5. 将猕猴桃、蜜柚、火龙果一起放入榨汁机搅匀。

6. 杯中先放入几片猕猴桃，倒入果汁，在最上方点缀 1 片猕猴桃。

由于猕猴桃是绿色的，所以火龙果一定不能选择红心的，否则会使整杯饮品呈现非常污浊的颜色。

芦笋苦瓜奇异蜜

 10 分钟 简单

材料

芦笋 50 克 / 苦瓜 1 根（约 100 克）/ 猕猴桃 1 个（约 60 克）/ 蜂蜜 10 克 / 纯净水 200 毫升

含硒丰富的芦笋，消脂败火的苦瓜，好营养却不好喝。搭配一颗酸甜的猕猴桃和一点蜂蜜，瞬间变得甜蜜起来。

做法

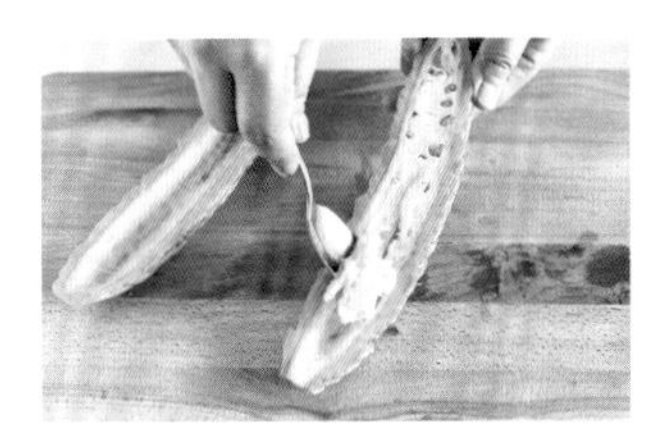

1. 苦瓜洗净，切去两端，纵向剖开，去除中间白色的瓤和籽。

2. 将苦瓜切成薄片，放入清水中浸泡 10 分钟。

3. 捞出后放入榨汁机，淋上蜂蜜腌渍片刻。

4. 猕猴桃取出果肉，放入榨汁机。

5. 芦笋洗净，切去老化的根部，然后切成小段，放入榨汁机。

6. 加入纯净水，搅打均匀即可。

芦笋是适宜生吃的蔬菜，高温会破坏掉很大一部分营养成分，所以清洗干净即可直接打汁。

羽橙苹果

 5 分钟  简单

材料

羽衣甘蓝 100 克 / 脐橙 1 个（约 120 克）/ 苹果 1 个（约 100 克）

美丽说

羽衣甘蓝近几年在国内健康饮食界崭露头角，它热量很低，维生素和钙含量却非常丰富，有它加入的果汁，自然是健康的保障。

做法

1. 羽衣甘蓝洗净，沥干水分，切成小片。

2. 脐橙洗净，切成 6 瓣，剥去橙子皮，留 2 瓣作装饰。

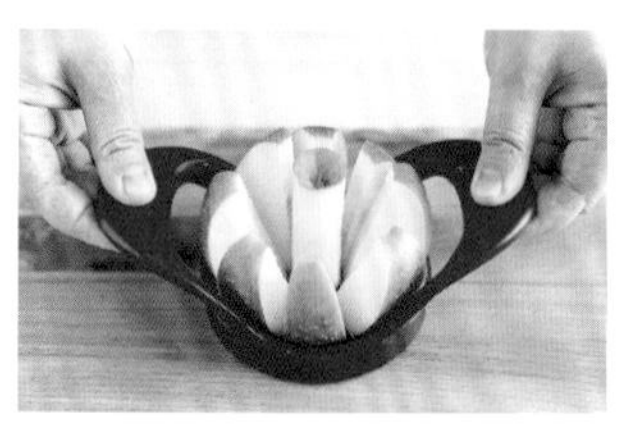

3. 苹果洗净外皮，苹果把朝下，用切苹果器对准果核部位用力向下压。

4. 丢弃苹果核，将苹果瓣放入榨汁机。

5. 加入羽衣甘蓝和橙子肉。

6. 搅打均匀，装杯后点缀预留的橙子瓣即可。

小贴士

苹果皮的营养不可小觑，建议用果蔬清洗剂将苹果皮仔细清洗后带皮制作果汁，效果最好。

羽衣甘蓝柠檬汁

10 分钟  简单

材料

羽衣甘蓝 300 克 / 柠檬 1 个（约 80 克）/ 椰子水 200 毫升 / 生姜 1 片 / 蜂蜜少许

羽衣甘蓝是时髦人士的新宠，它富含铁、钙、维生素 C、蛋白质，而且不含脂肪，既能美容养颜还能减肥，对身体的益处颇多。它涩涩的口感与柠檬的酸甜很是互补，两者强强联手，无论味道还是营养都非常棒哦。

做法

1. 羽衣甘蓝洗净，去除根部、主茎干以及粗一点的叶脉后，切碎待用。

2. 准备 200 毫升椰子水待用。

3. 柠檬洗净，切半，用柠檬榨汁器取汁待用。

4. 将羽衣甘蓝、生姜片一起放入榨汁机中。

5. 加入少许蜂蜜和椰子水，搅打均匀。

6. 将搅打好的羽衣甘蓝汁倒入杯中，加入柠檬汁，搅拌均匀即可。

如何挑选新鲜的羽衣甘蓝：第一，应挑选叶片颜色看起来鲜翠的；第二，最佳购买时节是从九月的收获季到来年的二月结束，这个时期的羽衣甘蓝比较新鲜。

橙子雪梨苹果汁

 5 分钟  简单

材料

苹果 1 个（约 100 克）/
雪梨 1 个（约 150 克）/
香橙 1 个（约 150 克）

美丽说

这道果汁汇合了三种水果的丰富营养。饭后饮用，既能解油腻、消积食、促进肠道蠕动，还能润燥滋阴、美容养颜、调节免疫力。酒后来一杯，可有效缓解头痛恶心的症状。

做法

1. 苹果洗净，去皮、去核，切小块。

2. 雪梨洗净，去皮、去心，切小块。

3. 香橙剥去果皮，分瓣切块。

4. 将香橙放入榨汁机中，榨出橙汁。

5. 再将橙汁和雪梨块、苹果块一起搅打。

6. 搅打均匀后，装杯即可。

小贴士

雪梨和苹果富含膳食纤维，榨成果汁后口感相对粗糙，如果介意，可延长榨汁机工作时间，以达到细腻的口感。

黄瓜香橙汁

5 分钟  简单

材料

香橙 1 个（约 150 克）/
黄瓜 1 根（约 100 克）/ 蜂蜜 1 汤匙 /
纯净水 100 毫升

美丽说

经常食用黄瓜能润泽肌肤、舒缓皱纹。香橙中含有丰富的膳食纤维和维生素 C，搭配黄瓜榨汁，减肥瘦身的同时还能美容养颜，调节身体免疫力。此外，这道果蔬汁也能够去肺热，防止喉咙干痒，对风热感冒有很好的缓解效果。

做法

1. 黄瓜洗净，削皮，切段。

2. 香橙洗净，一切为四，剥皮分瓣。

3. 将黄瓜和香橙放入榨汁机中，加入纯净水，搅打均匀。

4. 倒入杯中，加入蜂蜜搅拌即可。

小贴士

用榨汁机榨出来的果汁会有些果渣，要想口感更加细腻，可以选用原汁机分别榨汁，然后再混合饮用。如果喜欢爽口一些，成品后加点水冲淡一些即可。

青苹果香蕉汁

5 分钟　简单

材料

青苹果 1 个（约 100 克）/
香蕉 2 根（约 150 克）/ 蜂蜜 1 茶匙 /
纯净水 100 毫升

这道热量极低的青苹果香蕉汁，能够促进肠胃蠕动，帮助消化，其丰富的膳食纤维还能抑制饥饿感。

做法

1. 青苹果洗净，削皮、去核，切小块。

2. 香蕉剥皮，切成小段。

3. 将青苹果块和香蕉块一起放入榨汁机中，加入蜂蜜和纯净水。

4. 搅打均匀，装杯即可。

用淡盐水清洗青苹果，可以有效去除掉果皮表面的残留物。炎热的夏季，将果蔬汁放在冰箱里冷藏一下，口感会更好。

香蕉牛油果蔬多

15 分钟　简单

材料

香蕉 1 根（约 80 克）/ 牛油果半个（约 50 克）/
苹果半个（约 50 克）/ 羽衣甘蓝 100 克 /
菠萝 1/4 个（约 100 克）/
柠檬半个（约 25 克）/ 盐 1 茶匙

香蕉含钾，可平衡电解质；牛油果营养丰富，颜色讨喜；苹果代表着瘦身和健康；羽衣甘蓝和柠檬富含维生素 C；菠萝能够分解脂肪……这样一杯饮品，带来的健康功效自然是精彩纷呈。

做法

1. 菠萝切成小块，放入加了盐的饮用水中浸泡 30 分钟。

2. 羽衣甘蓝择去老叶，去根，洗净，切碎。

3. 牛油果对半切开，去核，切成小块。

4. 柠檬洗净，对半切开，切取靠近中间部位一片厚约 2 毫米的片，再在薄片上切一个 3 厘米的刀口备用。

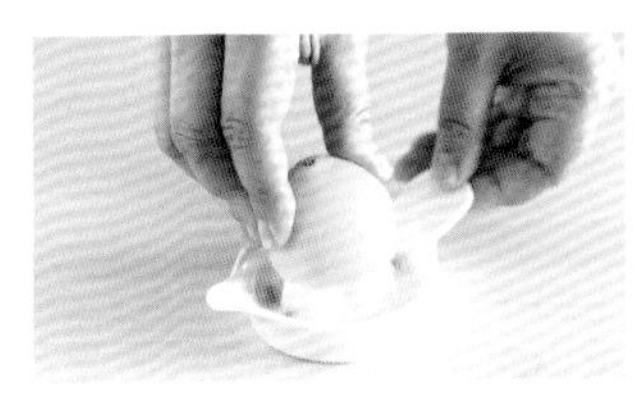

5. 将半个柠檬用手动榨汁器榨汁。

6. 香蕉去皮，掰成小块；苹果洗净，切成小块；与菠萝块、羽衣甘蓝、牛油果块和柠檬汁一起放入榨汁机，搅打均匀，倒入杯中，将预留的柠檬片卡在杯口。

如果没有手动榨汁器，也可以用手紧握柠檬，用力将柠檬汁挤出即可。

西柚冬瓜草莓汁

10 分钟　简单

材料

西柚半个（约 100 克）/ 冬瓜 200 克 / 草莓 100 克

粉色系的西柚不仅颜值高、热量低，对皮肤也能起到很好的美白和保护作用，搭配纤体的冬瓜、水嫩嫩的草莓，瘦身加美白，一杯搞定。

做法

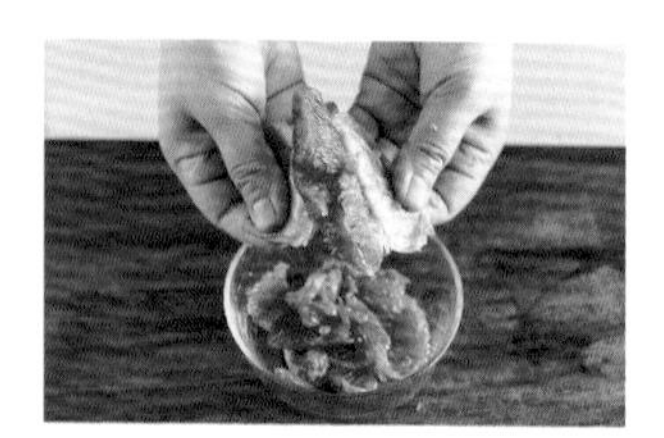

1. 西柚半个，去皮去籽，剥出果肉。

2. 冬瓜削去外皮，挖去籽和中间绵软的部分。

3. 将冬瓜切成小块。

4. 草莓洗净，将其中一个带蒂的对半切开，保留半个，其余的择去草莓蒂，放入榨汁机。

5. 放入西柚肉、冬瓜块，搅打均匀。

6. 倒入杯中，点缀上预留的半个草莓即可。

如果没有西柚，也可以用红心蜜柚来代替。

甜梨秋葵

15 分钟  简单

材料

库尔勒香梨 1 个（约 80 克）/
甜瓜半个（约 200 克）/ 秋葵 50 克

美丽说

秋葵切开来有着黏黏的汁液和漂亮的五角星形状，营养丰富，消脂利肠的效果极佳。除了拌凉菜，它还是很好的果蔬汁食材，搭配口味清爽的甜瓜和库尔勒香梨，原来秋葵也可以是甜甜的呀！

做法

1. 库尔勒香梨洗净外皮，梨把朝上，切成 4 瓣。

2. 水果刀在梨核处呈 V 字形对切，去除梨核，然后切成小块。

3. 甜瓜洗净、削皮，对半切开。

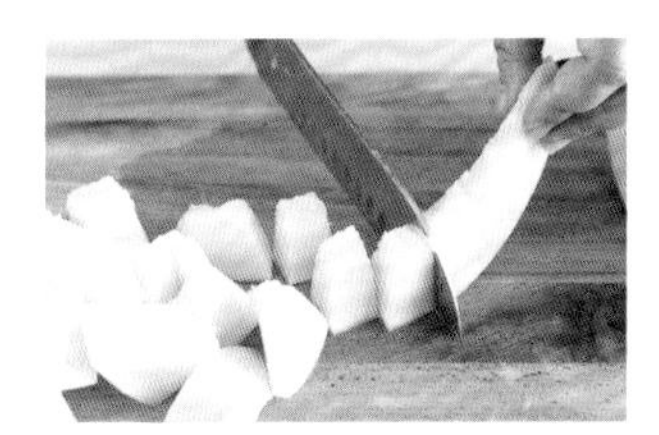

4. 挖去籽，然后切成小块。

5. 秋葵洗净，切去秋葵把，然后切成薄片，留几片备用。

6. 将香梨块、甜瓜块、秋葵片一起放入榨汁机，搅打均匀后倒入杯中，点缀上预留的秋葵片。

小贴士

如果不喜欢生秋葵的口感，可以放入开水中焯 30 秒，捞出放凉再用来打汁。

美丽说

营养成分位居同类蔬菜之首的西蓝花，占据了全世界健康餐饮的半壁江山，但凡是瘦身餐，几乎都少不了西蓝花的踪影。生榨的西蓝花汁营养成分更全面哦！

青柠苹果西蓝花

5 分钟　简单

材料

苹果 1 个（约 100 克）/ 西蓝花 200 克 / 青柠檬 1 个（约 50 克）

做法

1. 青柠檬洗净，对半切开。切一片厚约2毫米的片。
2. 用柠檬榨汁器将柠檬汁榨出，倒入榨汁机。
3. 西蓝花掰成小块，洗净后沥干，倒入榨汁机。
4. 苹果洗净，去核后切小块，放入榨汁机。
5. 搅打均匀后倒入杯中，将预留的柠檬片切一个刀口，卡在杯口即可。

榨汁的苹果推荐选用红富士，脆嫩多汁，酸甜适中，口感最佳。

美丽说

大鱼大肉之后来杯菠萝哈密瓜汁是个不错的选择，健脾消食，加快新陈代谢。此外，丰富的维生素 C 也能够让人神清气爽，不会在吃饱喝足之后就昏昏欲睡。

菠萝哈密瓜汁

5 分钟　简单

材料

菠萝 200 克 / 哈密瓜 1 个（约 400 克）

做法

1. 将菠萝削皮，去掉硬心，切小块。
2. 将哈密瓜洗净，对半切开，削皮、去籽，切小块。
3. 将菠萝块和哈密瓜块放入榨汁机中，榨出汁。
4. 滤渣，倒入杯中即可。

- 哈密瓜具有很高的甜度，菠萝本身含糖量也不低，这道果汁无须另加糖或者蜂蜜。
- 夏天饮用，可以在榨汁时加入适量冰水，甘甜冰爽，绝对是解暑必备。

香芒紫薯思慕雪

8 分钟  简单

材料

大芒果半个（约 200 克）/
小紫薯 1 个（约 100 克）/ 牛奶 250 毫升

做法

1. 紫薯洗净，用餐巾纸包好，打湿。放入微波炉，中高火转约 3 分钟。取出，对半切开，放凉。取少许切丁备用。
2. 芒果取出果肉，和紫薯一起放入榨汁机，加入牛奶，搅打均匀，放上紫薯丁，可放薄荷叶装饰。

小贴士：微波加热的时间需要根据紫薯的大小来调整，取出后用筷子扎一下，可以轻易插透就代表熟透了。

美丽说：芒果的香气和颜色，单是看见就能感受到满满的热带夏日风情；而紫薯绵密甘甜，能带来满足的饱腹感。和牛奶叠加，喝下去很久都不会有饥饿的感觉哦！

香蕉黄瓜思慕雪

5 分钟  简单

美丽说：香蕉和黄瓜，都是再寻常不过的食材。把它们和牛奶、蜂蜜打成果蔬汁，清新中透着绵密奶香，还能清肠胃、抗疲劳、减脂肪，试过就让人难忘。

材料

香蕉 1 根（约 80 克）/ 黄瓜 1 根（约 100 克）/
酸奶 250 毫升 / 蜂蜜 1 汤匙

做法

1. 香蕉剥皮，掰成小块。
2. 黄瓜洗净外皮，切去黄瓜把。
3. 将黄瓜切成薄片，留出几片备用。
4. 把香蕉、黄瓜片一起放入榨汁机，加入酸奶。
5. 加上 1 汤匙蜂蜜，搅打均匀。
6. 倒入杯中，点缀上黄瓜片即可。

小贴士：可尝试用枫糖浆代替蜂蜜，会获得完全不同的风味。

美丽说

牛油果富含膳食纤维和不饱和脂肪酸，可促进肠胃蠕动，抑制人体对糖和脂肪的吸收，在减脂餐中备受青睐。

小贴士

牛油果和香蕉暴露在空气中很容易氧化变色，应依次处理，并依次放入冰箱冷冻。

牛油果思慕雪

10 分钟　简单

材料

牛油果 1 个（约 150 克）/ 香蕉 1 根（约 100 克）/ 酸奶 120 毫升 / 奇亚籽 1 茶匙

做法

1. 牛油果去皮、去核；香蕉剥皮，分别切成小块，放入保鲜袋中，提前一晚放入冰箱冷冻。
2. 取出冷冻好的牛油果和香蕉块，无须解冻，直接放入榨汁机中。留几块牛油果用于装饰。
3. 倒入酸奶，打成细腻的糊。
4. 将打好的思慕雪倒入杯中，撒上奇亚籽点缀，放牛油果块装饰。

美丽说

酸甜多汁的西柚与脆嫩清新的水果黄瓜热量都很低，是减脂的极佳食材。

西柚黄瓜苏打水

8 分钟　　简单

材料

西柚半个（约 100 克）/
水果黄瓜 1 根（约 60 克）/ 纯净水 1 升

做法

1. 西柚洗净外皮，切 2 块作装饰，其余切成半圆形的薄片。
2. 水果黄瓜洗净，切成厚约 2 毫米的圆形薄片。
3. 将西柚片和黄瓜片放入大凉杯。
4. 用苏打水机加纯净水制作苏打水。
5. 将苏打水倒入凉杯，冷藏后倒入杯中，放西柚块，可用薄荷叶装饰。

小贴士

新鲜制作的苏打水气泡丰富、口感极好，如果没有苏打水机，可以用市售苏打水来代替，尽量购买无糖无添加的纯苏打水，更加健康。

百香杨桃薄荷苏打水

8 分钟  简单

材料

百香果 1 个（约 30 克）/ 杨桃 1 个（约 100 克）/ 新鲜薄荷叶若干片 / 纯净水 1 升

做法

1. 百香果对半切开，用勺子取出果肉，倒入凉杯。
2. 杨桃洗净，切薄片，留几片装饰用，其余放入凉杯。
3. 新鲜薄荷叶洗净，沥干水分，放入凉杯。
4. 用苏打水机加纯净水制作苏打水，倒入凉杯。冷藏后倒入杯中，放上杨桃片，可用薄荷叶装饰。

苏打水充满二氧化碳气体，在两个容器间倒换时，动作要轻柔，应该紧贴杯壁倾倒，尽量减少气泡的损失。

杨桃丰沛的果汁所蕴含的营养成分能够帮助人体排毒清热、生津止渴、消脂瘦身，搭配芬芳的百香果和清凉的薄荷，夏天喝上一杯，暑意瞬间烟消云散。

青柠杨梅苏打水

8 分钟  简单

青柠檬能够促进新陈代谢，防止脂肪堆积，其充足的维生素 C 还是天然的美白剂，丰富的果酸可以消除疲劳、生津健脾。

材料

青柠檬 1 个 / 杨梅 10 颗（约 100 克）/ 纯净水 1 升

做法

1. 杨梅放入清水中，浸泡 10 分钟。
2. 将浸泡杨梅的水倒掉，再冲洗两遍，沥干。
3. 青柠檬洗净外皮，切薄片，留 1 片作装饰。
4. 将杨梅和青柠檬片放入大凉杯。
5. 用苏打水机加纯净水制作苏打水。
6. 将苏打水缓缓倒入凉杯中，冷藏后倒入杯中，放青柠檬片，可用薄荷叶装饰。

制作好的水果苏打水不宜久放，否则气体会完全散发。最好使用可以密封的凉水杯，并在 4 小时内饮用最佳。

美丽说

黄瓜与含硒丰富的芦笋、酸甜可口的猕猴桃组合在一起，有减脂瘦身、抗癌养生、美容养颜的效果。

小贴士

如果觉得柠檬取汁比较麻烦，也可以购买现成的瓶装柠檬汁。

芦笋黄瓜猕猴桃汁

8 分钟　简单

材料

芦笋 50 克 / 黄瓜 150 克 / 猕猴桃 200 克 / 蜂蜜少许 / 柠檬半个 / 纯净水 50 毫升

做法

1. 芦笋洗净后去除老根，切成小段。放入沸水中焯 2 分钟，捞出，沥干，留几段作装饰。
2. 黄瓜洗净，去除头和尾，切成小块。
3. 猕猴桃洗净，切去两头，去掉果皮，切成小块。
4. 将柠檬挤出柠檬汁。
5. 将芦笋段、黄瓜块、猕猴桃块一起放入榨汁机中。加入蜂蜜与纯净水，搅打均匀。倒入杯中，加入少许柠檬汁，搅拌均匀，点缀预留的芦笋段即可。

美丽说

菠萝含一种叫“菠萝朊酶”的物质，可以清肠解油腻；黄甜椒中所含的辣椒素能促进新陈代谢，有降脂减肥的功效；再搭配富含维生素 C 的香橙，此款果蔬汁既能清肠减脂，又能美白肌肤。

菠萝甜椒香橙汁

10 分钟　简单

材料

菠萝 180 克 / 黄甜椒 200 克 / 香橙 200 克 / 蜂蜜少许 / 纯净水 80 毫升

做法

1. 菠萝洗净，将果肉切成小块，在盐水里浸泡 30 分钟，捞出沥干待用。
2. 黄甜椒洗净，对半切开，去蒂、去籽，切成小块。
3. 香橙去皮，去籽，切成 4 瓣，与菠萝、黄甜椒一起放入榨汁机中，加蜂蜜和纯净水，搅打均匀，装杯后可点缀薄荷叶。

小贴士

如果嫌菠萝去皮麻烦，可以购买去皮后的菠萝果肉。

03 润肤养颜

水分和维生素满满的
果蔬汁能够令肌肤细腻水润，轻断食期间也
别忘了呵护娇嫩的肌肤哦。

桃乐多

 5 分钟　简单

材料

水蜜桃 1 个（约 200 克）/ 养乐多 1 瓶

美丽说

水蜜桃富含蛋白质和铁，有美肤、清胃的功效。搭配养乐多的百余种益生菌，喝出桃花般的好颜色。

做法

1. 用流动的清水及百洁布粗糙的一面将水蜜桃轻轻擦洗干净，去除表面的绒毛。

2. 在水蜜桃中间部位拦腰切一圈，双手向反方向拧，即可去除果核。

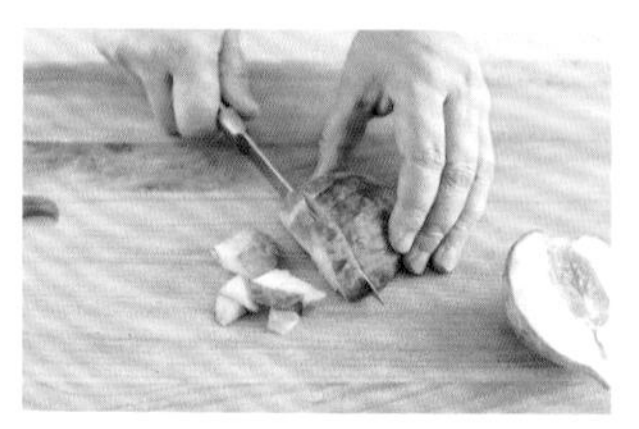

3. 将水蜜桃果肉切成小丁。

4. 留取三四个水蜜桃丁，其余放入榨汁机。

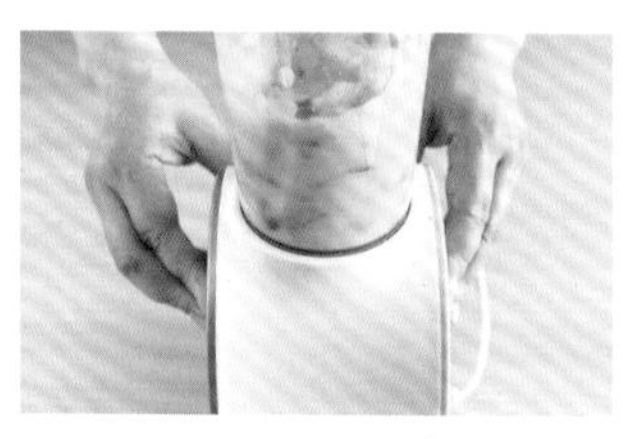

5. 加入养乐多，搅打均匀。

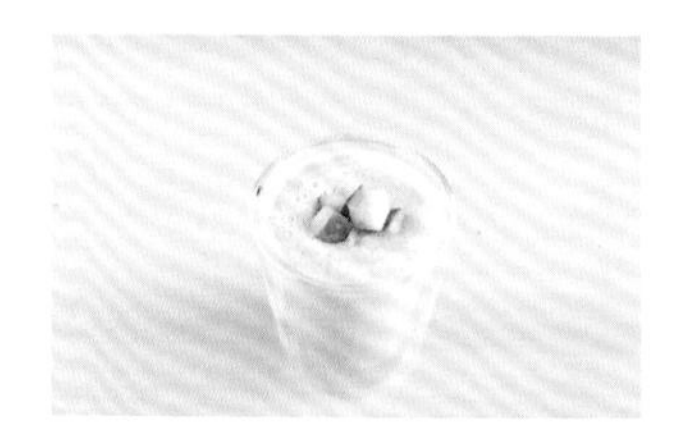

6. 倒入杯中，在最上方点缀水蜜桃丁即可。

小贴士

有些品种的水蜜桃果肉和果核很难分离，需要用水果刀将果肉切下再进行后续操作。没有水蜜桃的季节，用黄桃罐头来制作，会有完全不同的风味和颜色。

椰子双柚

 10 分钟  简单

材料

椰奶 250 毫升 / 西柚半个（约 100 克）/ 蜜柚 1/4 个（约 100 克）

美丽说

西柚与蜜柚是两种神奇的水果：它们富含膳食纤维和维生素，糖分含量都很低，同时具有高钾低钠的特质，不仅是美颜排毒的佳果，对心脑血管病患者也有非常好的食疗效果。

做法

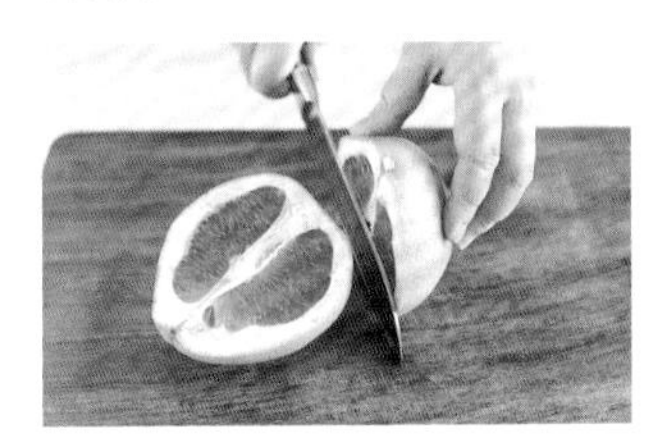

1. 西柚洗净，从中间对切成两半。

2. 取一半西柚，切成 4 瓣，去皮去籽，尽量去除白色瓣膜，剥出西柚肉。

3. 蜜柚先将两端切掉，再切成 4 瓣。

4. 将蜜柚去皮去籽，尽量去除白色瓣膜，剥出蜜柚肉。

5. 将西柚肉和蜜柚肉放入榨汁机，加入椰奶。

6. 搅打均匀即可。

- 已经切开的西柚和蜜柚用保鲜膜封好或放入密封盒置于冰箱，24小时内食用即可。
- 蜜柚分为黄心蜜柚和红心蜜柚，可依个人喜好选择。

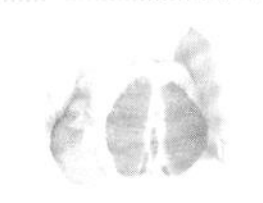

金橘青柠百香果

 8 分钟 简单

材料

青金橘 3 颗（约 50 克）/
青柠檬 1 个（约 50 克）/
百香果 1 颗（约 30 克）/
冰糖 10 克 / 纯净水 500 毫升

美丽说

生津止渴的金橘，80%的维生素 C 都蕴含在它的果皮中，搭配同样富含维生素的青柠檬和百香果，浸泡出的果茶不仅果香怡人，还能美容降脂，提高免疫力。

做法

1. 百香果对半切开，将果肉用勺子挖出，放入花茶壶或飘逸杯的内胆中。

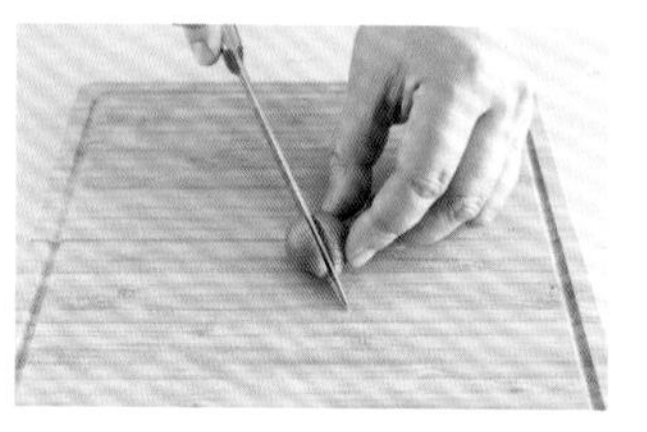

2. 青金橘洗净外皮，对半切开。

3. 青柠檬洗净外皮，切成薄片。

4. 将水烧开；冰糖置于花茶壶或飘逸杯的外杯内。

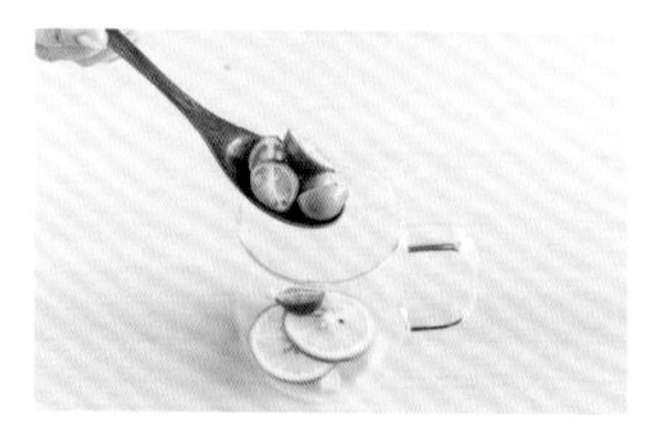

5. 将青金橘与青柠檬也放入外杯。

6. 向花茶壶内胆注入开水，静置放凉即可。

小贴士

- 冰糖可以用蜂蜜代替，但要等水温降至 60℃（摸杯壁外侧不烫手）才可以加入，不然会破坏蜂蜜中的维生素。
- 如果想喝冰饮，需要待饮品降至室温才可放入冰箱冷藏。

百香西柚梨

 8 分钟　 简单

材料

百香果 1 颗（约 30 克）/
西柚 1 个（约 200 克）/
雪梨 1 个（约 120 克）

美丽说

百香果不仅有美容养颜、调节人体免疫力的功效，味道也非常提神醒脑，加入一点果汁就能令整杯饮品香气四溢。

做法

1. 将滤网架在榨汁机上，百香果对半切开，将果肉用勺子挖出，倒在滤网上，只留果汁。

2. 西柚洗净，切成 6 瓣。

3. 去皮去籽，剥出西柚肉，留少许作装饰。

4. 梨洗净，梨把朝上，切成4瓣。

5. 用刀在梨核处呈 V 字形切去梨核，然后切成小块。

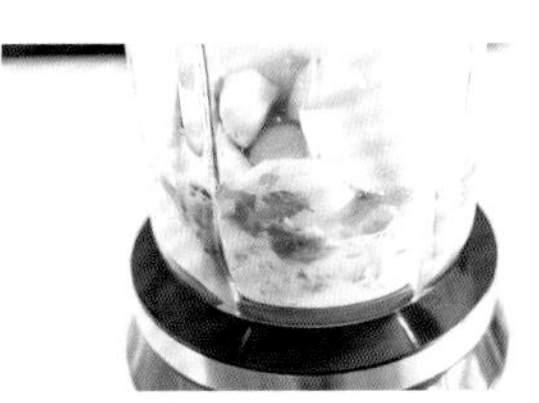

6. 将西柚和梨放入榨汁机，搅打均匀，点缀预留的西柚果肉即可。

小贴士

百香果籽外面还会包裹一层厚厚的果肉，丢弃非常可惜，可以置于大凉杯中，加入几颗冰糖，注入开水，待冷却后就是酸酸甜甜、果香四溢的百香果水了。

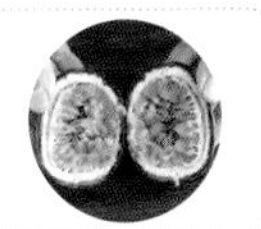

四个瓜

10分钟　简单

材料

西瓜 200 克 / 冬瓜 100 克 / 甜瓜 100 克 / 哈密瓜 100 克

美丽说

西瓜消暑润肤，冬瓜利尿消肿，甜瓜生津止渴，哈密瓜清热排毒。传说集齐这四种瓜做出的果汁，可以召唤苗条的身材和白嫩的皮肤哦！

做法

1. 西瓜切开后将果肉切成小块。

2. 冬瓜洗净，去皮去籽，切成小块。

3. 甜瓜洗净、削皮，对半切开。

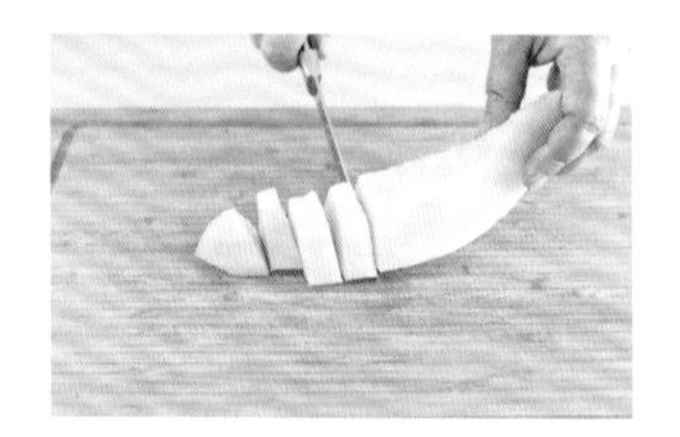

4. 挖去籽，然后切成小块。

5. 哈密瓜同甜瓜一样方法处理。

6. 将西瓜、冬瓜、甜瓜、哈密瓜一起放入榨汁机，搅打均匀即可。

小贴士

- 冬瓜生榨汁排毒利尿的效果更好，如果实在喝不惯，可以用开水煮 1 分钟后放凉再榨汁。
- 未用完的瓜记得用保鲜膜包好，放入冰箱冷藏。

雪梨石榴

8 分钟  简单

材料

雪梨1个（约120克）/ 石榴1个（约100克）

雪梨果肉洁白，清脆多汁，具有止咳润肺、养血生肌的功效。石榴籽像一颗颗红宝石，能够生津止渴，收敛固涩，搭配在一起，不仅是颜值颇高的一款饮品，口感也充满惊喜哟！

做法

1. 雪梨洗净，梨把朝上，切成4瓣。

2. 用水果刀在梨核处呈V字形将梨核切掉，将梨肉放入榨汁机。

3. 石榴在距离开口处2厘米左右的位置，用水果刀划开一个圆圈（划透果皮即可）。

4. 用手将划掉的石榴皮顶部拽下，然后沿着内部的隔膜将石榴皮的侧边划开。

5. 将石榴掰开，即可轻松剥出石榴籽。

6. 将石榴籽留少许作装饰，其余的倒入榨汁机，搅打均匀，装杯后点缀预留的石榴籽。

购买时请向店家询问是否有软籽石榴，这种石榴的籽细小而柔软，打出的果汁口感更好。

椰奶木瓜

10 分钟　简单

材料

木瓜半个（约 300 克）/
椰青 1 个 / 脱脂牛奶 200 毫升

美丽说

木瓜是否丰胸尚待论证，但是由于含有超氧化物歧化酶 SOD，它的抗衰老功效却是毋庸置疑的。与清爽的椰汁和脱脂牛奶搭配，口感香浓甜蜜，具有很强的饱腹感，热量却不高哦。

做法

1. 木瓜对半切开，用勺子去籽。

2. 取半个木瓜，切成 3 瓣，用水果刀紧贴瓜皮内侧削去果皮。

3. 将去过皮、籽的木瓜切成小块，放入榨汁机。

4. 椰青洗净，用开洞器开洞。

5. 取150毫升椰汁倒入榨汁机。

6. 加入脱脂牛奶，搅打均匀即可。

小贴士

网上购买的椰青，卖家一般会搭配开洞器，可方便地给椰青开洞取汁。如果觉得自取椰汁比较麻烦，也可以直接使用市售椰奶来代替椰青和牛奶，但是热量会稍高。

菠萝苦瓜百香果

 8 分钟　 简单

材料

菠萝 1/4 个（约 100 克）/
苦瓜 1 根（约 100 克）/
百香果 1 个（约 30 克）/
蜂蜜 20 克

美丽说

谁说喝苦瓜汁就要变成苦瓜脸？有甜美的菠萝和香喷喷的百香果助阵，再加上养颜润肠的蜂蜜，一定会让你喜上眉梢！

做法

1. 菠萝切成小块，放入淡盐水中浸泡半小时以上。

2. 苦瓜洗净外皮，纵向剖开，去除中间的籽以及白色部分；切成薄片，放入清水中浸泡 10 分钟。

3. 捞出后放入榨汁机，加入蜂蜜腌渍片刻。

4. 将滤网架在榨汁机上；百香果对半切开，用勺子挖出果肉，倒在滤网上，仅使用果汁。

5. 将步骤 1 的菠萝块捞出，沥干水分，留少许作为点缀，其余的倒入榨汁机。

6. 搅打均匀后倒入杯中，点缀上预留的菠萝块，可放薄荷叶装饰。

小贴士

百香果的籽其实可以食用，并且富含蛋白质，但是榨汁机非常难以将它打碎，可使用破壁机操作。

香桃雪梨火龙果

8 分钟　简单

材料

水蜜桃 1 个（约 200 克）/
雪梨 1 个（约 120 克）/
火龙果半个（约 150 克）

美肤小能手水蜜桃最为养人，与清热润肺的雪梨和富含膳食纤维的火龙果搭配在一起，白白嫩嫩透着微微粉红，像白雪公主的脸庞一样迷人。

做法

1. 水蜜桃洗净，拦腰横切一圈，要深至果核。

2. 两手反方向用力，即可轻易将桃子拧开，然后去除果核。

3. 将水蜜桃切成小块，留少许作装饰，其余的放入榨汁机。

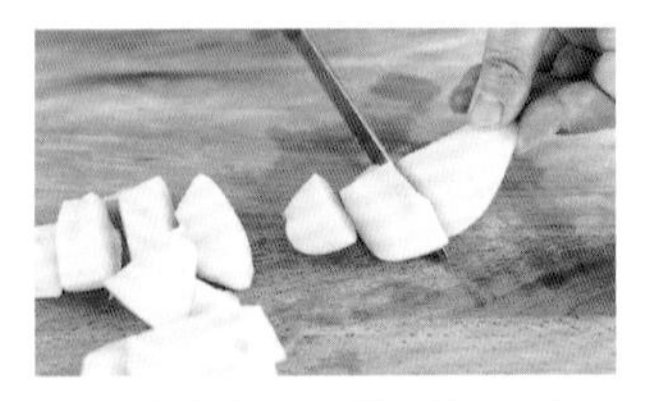

4. 雪梨洗净，切掉梨核，然后切成小块，留少许作装饰，其余放入榨汁机。

5. 火龙果对半切开，用勺子挖出果肉，留少许切小块作装饰，其余放入榨汁机。

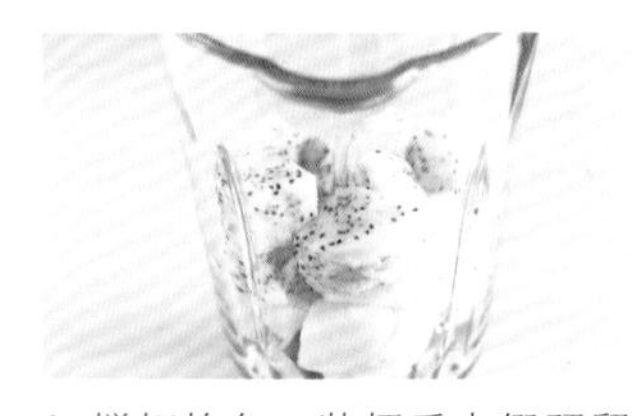

6. 搅打均匀，装杯后点缀预留的水果即可。

水蜜桃的果皮上覆盖着一层细细的绒毛，在清洗的时候，用百洁布轻柔地打圈擦拭，即可去除。

杨桃莲雾橙

8分钟  简单

材料

杨桃1个（约100克）/

莲雾1个（约100克）/

脐橙1个（约120克）

杨桃和莲雾都是比较小众的水果，虽然不易购得，但是味道和营养价值却值得推荐。还有“果汁万能搭”橙子的加入，口味小众却非常可口，还有红润肌肤的功效，不想试一试吗？

做法

1. 杨桃洗净，切成厚约2毫米的薄片，留出一片备用。

2. 莲雾洗净，切成4瓣。

3. 去除莲雾的果把和果核，切成小块。

4. 脐橙切成6瓣，剥去果皮。

5. 将杨桃片、莲雾、脐橙一并放入榨汁机，搅打均匀。

6. 倒入杯中，将预留的杨桃片放在杯口作为点缀即可。

莲雾的口感与苹果近似，如果购买不到，可以用苹果代替。

杨梅桃桃

 10 分钟 简单

材料

杨梅 100 克 / 水蜜桃 1 个（约 200 克）/
杨桃 1 个（约 100 克）/ 纯净水 1 升 /
冰糖 10 克

美丽说

初夏，酸酸甜甜的杨梅上市了，紧跟着就是惹人垂涎的水蜜桃，搭配形状漂亮的杨桃片，好像把整个夏天的美好都泡在了一杯之中，生津止渴，美白好气色。

做法

1. 将冰糖放入凉杯，水烧开后注入，等待降温的同时准备其余水果。

2. 杨梅洗净，用清水浸泡 10 分钟后捞出，沥干水分，放入冰糖热水中浸泡。

3. 水蜜桃洗净，拦腰横切一圈，要深至果核。

4. 两手反方向用力，将桃子拧开，去除果核，切成半圆形的薄片。

5. 杨桃洗净，切成薄片，留 2 片作装饰。

6. 将桃子片和杨桃片放入杨梅水中浸泡，冷却后倒入杯中，放杨桃片装饰。

小贴士

没有新鲜杨梅的季节，也可以用蜜渍杨梅来代替，将用量减少至 50 克，并省略材料中的冰糖即可。

金橘哈密紫甘蓝

 8 分钟 简单

材料

青金橘 50 克 /
哈密瓜 1/4 个（约 100 克）/
紫甘蓝 1/4 棵（约 200 克）

美丽说

紫甘蓝补血养颜、营养丰富，备受健康饮食人群的推崇。但只有在生食时，它的营养成分才能得到最全面的保留。现在，除了拌沙拉，你还有了另一种方便又美味的做法！

做法

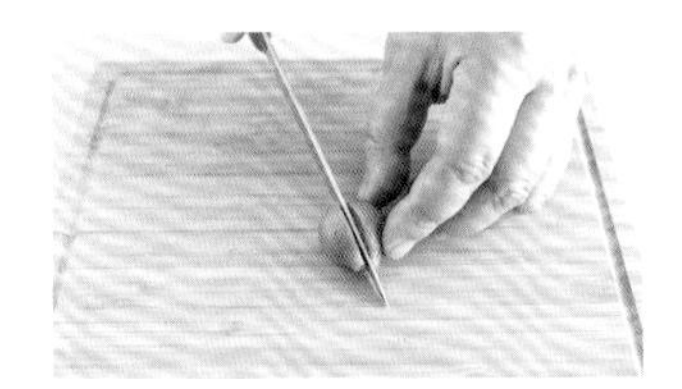

1. 青金橘洗净，对半切开，切 2 片作为点缀，其余的挤出果汁。

2. 哈密瓜洗净外皮，对半切开。

3. 用勺子挖出籽，然后用削皮器削去瓜皮，切成小块。

4. 紫甘蓝洗净，剥去外面一层老叶，切成 4 瓣，取其中一瓣，切成细丝。

5. 将金橘汁、哈密瓜、紫甘蓝一起放入榨汁机，搅打均匀。

6. 倒入杯中，点缀上步骤 1 预留的青金橘片即可。

小贴士

金橘以广西融安出产的滑皮金橘品质最佳，果皮脆滑，果肉多汁而无籽。如果购买不到合心意的金橘，可以用脐橙来代替。

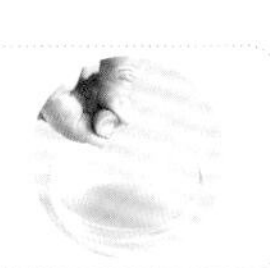

美丽说

草莓不但长得惹人爱，还能补血益气、凉血解毒、保护视力、美白嫩肤。搭配养乐多更是可以提神醒脑、缓解疲劳。

草莓养乐多

10 分钟　简单

材料

草莓 10 颗（约 80 克）/
养乐多 2 瓶（约 200 毫升）

做法

1. 将草莓用淡盐水浸泡 5 分钟后洗净、去蒂，切成小块。
2. 将草莓块放入榨汁机中。
3. 加入养乐多，搅打均匀。
4. 倒入杯中即可饮用。

小贴士

养乐多也可以用酸奶代替，加入蜂蜜后口感更好；如果喜欢冰爽口感，可以用半瓶雪碧来代替 1 瓶养乐多。

美丽说

抗氧化少不了草莓与番茄的帮忙。草莓富含维生素 C，有延缓衰老和美白的功效；番茄富含番茄红素，这是一种抗氧化物质，可以清除体内自由基。

番茄草莓橘子汁

8 分钟　简单

材料

番茄 300 克 / 草莓 240 克 / 橘子 200 克 / 蜂蜜少许

做法

1. 番茄洗净后去皮、去蒂，切成小块待用。
2. 草莓洗净，去蒂，切成两半待用。
3. 橘子去皮，剥瓣、去籽待用。
4. 将番茄、草莓、橘子一起放入榨汁机中。
5. 加入少许蜂蜜，搅打均匀即可。

小贴士

草莓需要先在盐水里浸泡 2~5 分钟，这样能更好地去除表面的残留物。

奇异火龙思慕雪

5 分钟　简单

材料

猕猴桃 1 个（约 60 克）/
火龙果半个（约 150 克）/ 酸奶 250 毫升

做法

1. 将猕猴桃果肉切一薄片作装饰，其余放入榨汁机。
2. 火龙果对半切开，挖出果肉，留少许切小块作装饰，其余的放入榨汁机，加入酸奶，搅打均匀，倒入杯中。
3. 杯口点缀上预留的猕猴桃薄片，放火龙果点缀。

小贴士　成熟的猕猴桃会比较柔软，难以切片。可以用火龙果肉切小块来代替作为装饰。

美丽说　碧绿多汁的猕猴桃，微甜饱腹的火龙果，果肉中都包含了一粒粒小种子。这些子粒蕴含了植物的绝大部分精华，抗衰老，美容瘦身，对健康大有裨益。

玫瑰草莓冰红茶

8 分钟　简单

材料

玫瑰花蕾 10 颗 / 草莓 10 颗（约 100 克）/
冰糖 10 克 / 红茶包 4 包 / 纯净水 1.2 升

做法

1. 将水烧开，冷却至 85℃左右，取 300 毫升。加入红茶包，浸泡 30 秒后将水倒掉。
2. 将红茶包放入凉水杯，加入冰糖。
3. 注入剩余的热水，轻轻搅拌至冰糖化开。
4. 草莓洗净去蒂，对切成两半。将草莓和玫瑰花蕾放入茶水中，捞出茶包丢弃，茶水冷却至室温，放入冰箱冷藏。

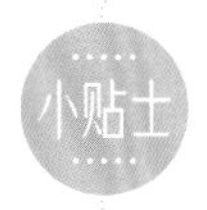

小贴士　玫瑰花蕾经过长时间浸泡颜色会变淡，如果想要饮品更加漂亮，可以饮用前将褪色的玫瑰花蕾捞出，撒上新的玫瑰花蕾。

美丽说　春日的草莓，枝头的玫瑰花蕾，都是娇艳欲滴的少女系食材，佐以最适合女性的红茶，喝出少女般的好颜色。

美丽说

亚麻子所含人体必需的脂肪酸是深海鱼油的10倍。常喝这道果蔬汁，可以起到嫩肤亮肤的效果。

苹果亚麻子汁

 10分钟 简单

材料

苹果2个（约200克）/ 亚麻子20克

做法

1. 将亚麻子放入碗中，入微波炉高火加热2分钟。
2. 苹果洗净，去皮、去核，切块，用榨汁机榨出汁。
3. 将苹果汁和亚麻子一起放入榨汁机中，搅打均匀，倒入杯中，可点缀少许亚麻子装饰。

小贴士

- 亚麻子的外壳具有很强的水溶性，最好不要水洗，如需清洁，可用湿布擦。
- 建议把亚麻子弄熟后食用，香味会更浓郁，还能起到很好的脱毒效果。

美丽说

酸甜可口的果茶不但能清热降火，还有着补气安神、平复情绪的效果。丰富的维生素C还能让皮肤变得光滑细腻。

猕猴桃青柠茶

 15分钟 简单

材料

猕猴桃干20克 / 青柠檬1个 / 蜂蜜2汤匙 / 白砂糖1茶匙 / 纯净水适量

做法

1. 猕猴桃干洗净，用温水泡软备用。
2. 青柠檬用淡盐水洗净，横着对半切开，切2薄片备用，其余去籽，切小块。
3. 将猕猴桃干和青柠檬块放入榨汁机中，倒入适量纯净水和蜂蜜。
4. 搅打均匀后，倒入杯中。
5. 放入青柠檬片，加入白砂糖，搅匀后即可饮用。

小贴士

青柠檬的口感比较酸，如果喜欢甜口，可以适当多加些蜂蜜。

木瓜火龙果苹果茶

20 分钟　简单

材料

木瓜干 5 克 / 火龙果干 10 克 / 苹果干 5 克 /
蜂蜜 1 汤匙 / 纯净水 250 毫升

做法

1. 将木瓜干、火龙果干和苹果干洗净，放入温水中泡软，捞出沥干备用。
2. 纯净水大火烧开，放入木瓜干、火龙果干和苹果干。转小火煮3分钟后倒入杯中，加蜂蜜搅拌均匀。

建议用纯净水冲泡果干，口感纯正甘甜，如果用自来水，杂质较多，容易发涩。

美丽说

木瓜有润肤美颜的功效，其超强的抗氧化能力还能够减少皱纹、延缓衰老。火龙果富含铁元素，能够补气养血、改善肤色。苹果富含果酸和维生素，能够分解脂肪、减肥瘦身。

草莓桃子芒果茶

20 分钟　简单

材料

桃子干 10 克 / 草莓干 10 克 / 芒果干 10 克 /
蜂蜜 1 汤匙 / 纯净水 250 毫升

做法

1. 将桃子干、草莓干和芒果干洗净，放入温水中泡软，捞出沥干备用。
2. 净锅，倒入纯净水，大火烧开后放入桃子干、草莓干和芒果干。
3. 转小火煮 2 分钟，倒入杯中，加入蜂蜜，搅拌均匀即可饮用。

桃子干和芒果干块都比较大，泡软后可以先用刀切成小块，再用来煮茶。

美丽说

这款果茶的颜值从看到的瞬间就让人不能自拔，何况还有着满满的维生素 C 呢？爱美的女性朋友坚持饮用，会有美容养颜、润泽肌肤的效果，作为下午茶，还能够舒缓情绪、调节心情。

美丽说

胡萝卜独特的味道搭配酸甜可口的苹果，一口喝下去，令你心情愉悦。这款果蔬汁低卡饱腹，既能缓解压力，提神醒脑，还能美容养颜。丰富的膳食纤维和满满的维生素C，为你开启元气满满的一天。

胡萝卜苹果汁

10分钟　简单

材料

胡萝卜200克 / 苹果300克 / 蜂蜜少许 / 纯净水150毫升

做法

1. 胡萝卜洗净，切成小块待用。
2. 苹果洗净、去核，切成小块待用。
3. 将胡萝卜块与苹果块一并放入榨汁机中。
4. 加入少许蜂蜜与纯净水，搅打均匀即可。

清洗苹果时，先在空盆中加入温水，水量没过苹果，将苹果在温水中浸泡10分钟，然后取出，用少许盐或小苏打来回搓洗，这样能更有效地把果皮的残留物清洗干净。

西瓜葡萄蜂蜜茶

15分钟　简单

材料

西瓜200克 / 葡萄50克 / 蜂蜜少许 / 绿茶包1包 / 纯净水500毫升

做法

1. 西瓜洗净，去皮，切成小块，放入冷饮壶中。
2. 葡萄洗净、去皮，对半切开，去籽，放入冷饮壶中。
3. 煮锅内加入纯净水，大火烧开后关火。
4. 绿茶包放入开水中，提着茶包的线，上下浸泡10次左右，取出茶包。
5. 将泡好的绿茶倒入冷饮壶中，加入蜂蜜搅匀。

美丽说

西瓜香甜多汁，葡萄清新酸甜，再加上蜂蜜的调和，酸甜可口，层次分明。经常饮用可以美容养颜、抵抗衰老，还能养胃健脾、缓解疲劳。

葡萄去皮后再用来泡茶，可以更好地将葡萄的果味释放出来。

04 美白淡斑

富含维生素 C 的蔬果具有很强的抗氧化能力，
能够帮助改善肤色，促进皮肤新陈代谢，延缓衰老。

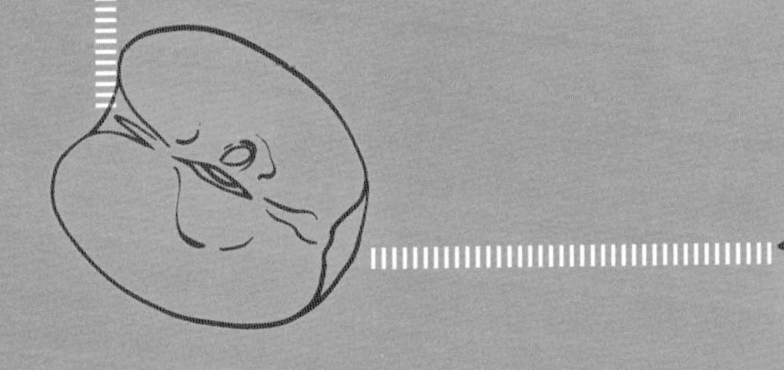

奇异雪梨多

 5 分钟 简单

材料

猕猴桃 1 个（约 60 克）/
雪梨 1 个（约 120 克）/ 养乐多 1 瓶

美丽说

一颗猕猴桃所提供的维生素 C，可以满足一人每天需求量的两倍之多，是润肤美白的佳选。搭配生津润肺的雪梨，清爽又甜美。

做法

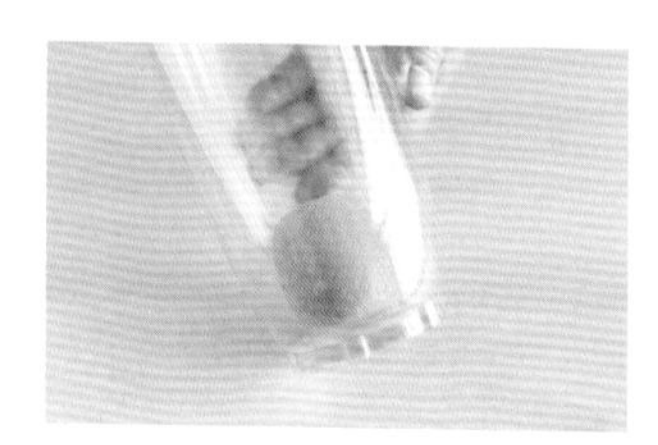

1. 将猕猴桃去皮，取出果肉，切几片留作装饰，其余的放入榨汁机。

2. 雪梨洗净外皮，用刀沿纵向切成 4 瓣。

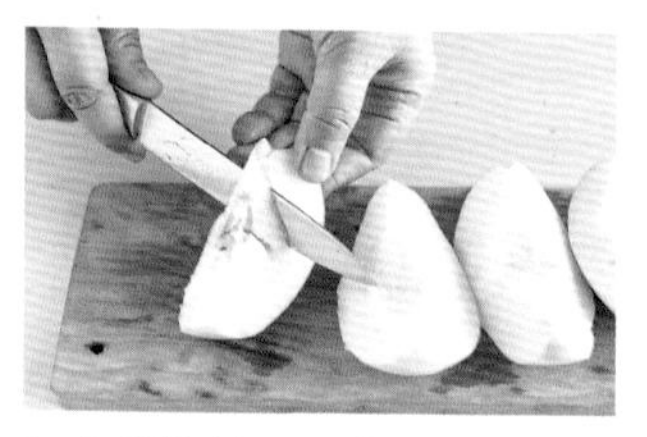

3. 在梨核处呈 V 字形划两刀，去除果核。

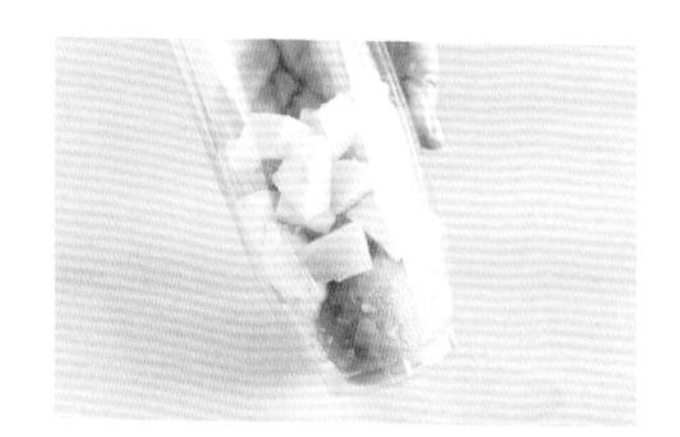

4. 将梨切成小块，放入榨汁机。

5. 加入养乐多。

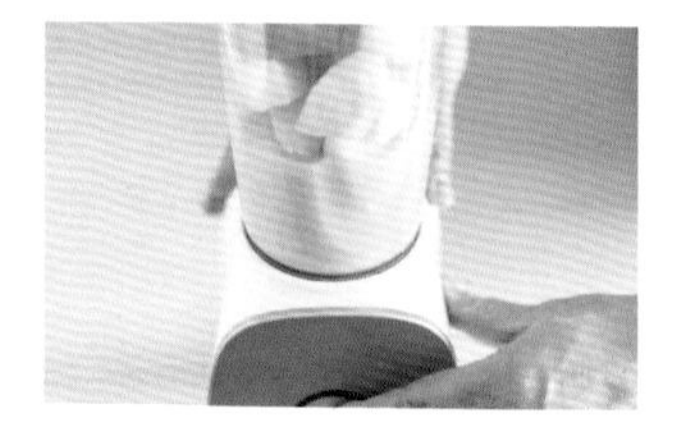

6. 搅打均匀，装杯后放猕猴桃片装饰即可。

小贴士

- 猕猴桃不宜选用捏起来硬邦邦的新果，口感酸涩且不易去皮，捏起来稍微柔软的最佳。
- 如果猕猴桃太生，可以和苹果一起放入塑料袋内，一般两三天即可熟透食用。

猕猴桃草莓汁

 5 分钟  简单

材料

猕猴桃 3 个（约 200 克）/
草莓 8 颗（约 80 克）/
纯净水 100 毫升

美丽说

美白是女人永远不变的话题。这道猕猴桃草莓汁富含维生素 C，具有强大的抗氧化能力，在改善肤色、提升光泽的同时，还能有效减少皱纹，延缓衰老。

做法

1. 猕猴桃对半切开，用小勺挖出果肉。

2. 草莓洗净后去蒂，对半切开，留 2 块作装饰。

3. 将猕猴桃和草莓一起放入榨汁机中，加入纯净水。

4. 搅打均匀，装杯，放草莓装饰即可。

小贴士

宜选取个头适中、红里带白的草莓，其味道甘甜不酸。在清洗草莓时，建议用淡盐水浸泡几分钟，再洗净、去蒂。

西部果园

 5 分钟  简单

材料

苹果 1 个（约 100 克）/
番茄 2 个（约 200 克）/ 蜂蜜 10 克

美丽说

"每天一苹果，医生远离我"，这句话已成为苹果的健康代言。富含维生素的番茄四季常见、价格实惠，是天然的祛斑美白食物，与苹果搭配，味道和谐美妙。

做法

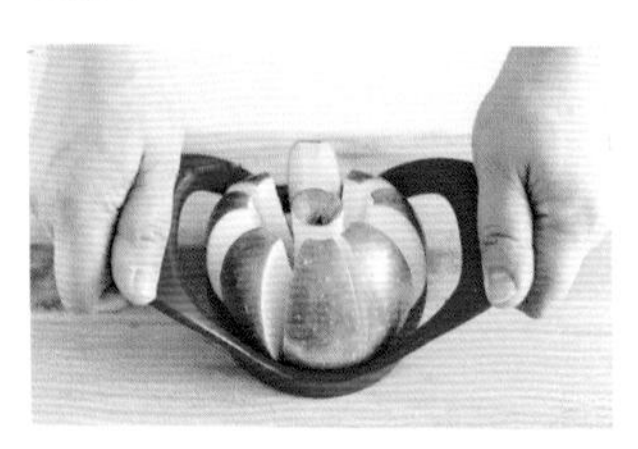

1. 苹果洗净，头朝下放在案板上，将苹果切瓣器的中间圆环对准苹果中心，用力向下压。

2. 丢掉中间的果核部分，余下的苹果肉切成小块放入榨汁机。

3. 番茄洗净，去蒂，用厨房纸巾擦干。

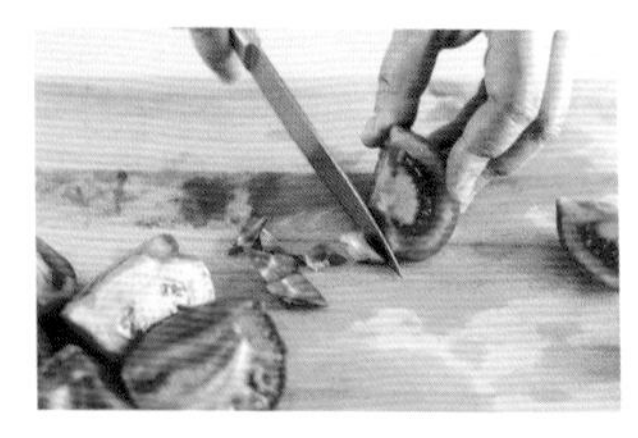

4. 将番茄切成 4 瓣，再用刀仔细将果蒂附近较硬的部分切除。

5. 将切好的番茄放入榨汁机，加入蜂蜜。

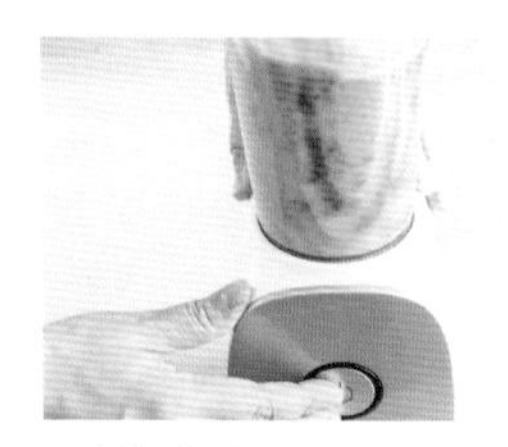

6. 搅打均匀即可。

小贴士

- 苹果核含有有毒物质，请务必仔细清除果核，确保没有残留。
- 苹果皮营养丰富，尽量保留，可以用果蔬专用清洗剂将苹果外皮清洗干净即可。

菠萝西瓜蜜

 10 分钟  简单

材料

菠萝半个（约 150 克）/
西瓜 1/4 个（约 300 克）

美丽说

西瓜水分多多又甜蜜，能够有效消除浮肿，驱除倦怠；菠萝则有美白嫩肤、淡化色斑的功效。这样消渴又美颜的组合怎么能错过？

做法

1. 菠萝去皮、挖去黑色孔洞，对半切开（可请商家代为去皮）。

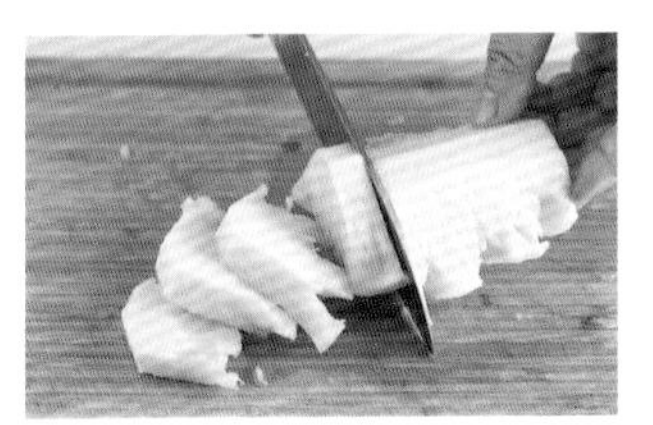

2. 将菠萝切成小块。

3. 将菠萝块放入淡盐水中浸泡 30 分钟左右。

4. 西瓜果肉切成小块，留 1 块作装饰。

5. 将菠萝和西瓜块放入榨汁机。

6. 搅打均匀，装杯，放预留的西瓜块点缀即可。

小贴士

- 如果购买的是台湾凤梨，则可免去盐水浸泡这一步骤。
- 尽量购买无籽西瓜，制作起来会更方便，口感也更好。如果是有籽西瓜，建议先将籽清除再制作果汁。

香梨木瓜

8 分钟　简单

材料

库尔勒香梨 1 个（约 80 克）/
木瓜半个（约 300 克）

被维吾尔族医生称为食疗佳品的库尔勒香梨，富含氨基酸和维生素，清热解毒；而木瓜中含有超氧化物歧化酶，能够抗氧化，美白肌肤。一个清新，一个甜美，搭配在一起口感也非常棒。

做法

1. 库尔勒香梨洗净外皮，梨把朝上，切成 4 瓣。

2. 水果刀在梨核处呈 V 字形对切，去除梨核，然后切成小块。

3. 木瓜对半切开，用勺子去籽。

4. 用水果刀紧贴木瓜皮内侧削去果皮。

5. 将去过皮、籽的木瓜切成小块，留少许切丁作装饰，其余的和香梨块一并放入榨汁机。

6. 搅打均匀，装杯后点缀木瓜丁即可。

木瓜尽量选熟一点儿的，不但甜度更高，也更好去皮。

牛奶释迦蕉

 8 分钟  简单

材料

释迦 1 个（约 100 克）/
香蕉 1 根（约 80 克）/ 牛奶 250 毫升

美丽说

释迦又称番荔枝，是特别好的抗氧化水果，能够美白润肤、延缓肌肤衰老，并且膳食纤维含量高，和香蕉一样，都能促进肠蠕动，口感也都具有与牛奶一样的香滑，搭配在一起非常和谐。

做法

1. 释迦洗净外皮，切成 4 瓣。

2. 削去青皮，剔除子粒。

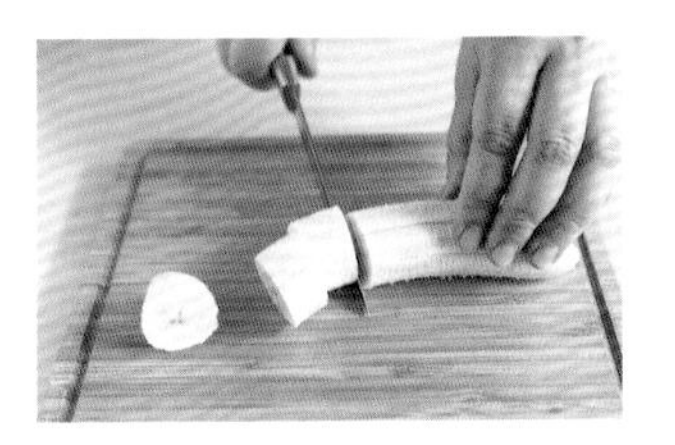

3. 香蕉去皮，切 2 片留作装饰，其余的切成小段。

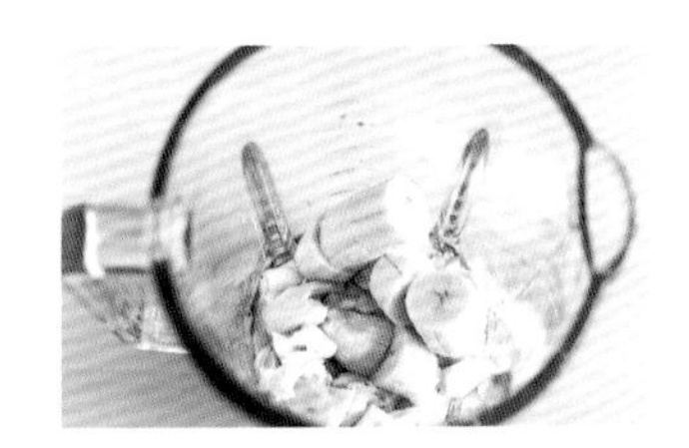

4. 将释迦和香蕉段一起放入榨汁机。

5. 加入牛奶。

6. 搅打均匀，装杯后点缀预留的香蕉片，可放薄荷叶装饰。

小贴士

- 释迦一定要熟软才能吃，如果买回家的释迦还是硬邦邦的，可以包裹几层餐巾纸，喷上水使之保持潮湿，过两天便能成熟。
- 未成熟的释迦一定不能放进冰箱冷藏，否则将无法自熟，只能丢弃。

羽衣甘蓝青苹果

5 分钟　简单

材料

羽衣甘蓝 100 克 / 青苹果 2 个（约 200 克）

美丽说

羽衣甘蓝中维生素 C 含量能与西蓝花媲美，同时含有大量的铁元素；具有美白润肤、改善气色的功效，搭配果酸丰富的青苹果，美颜又爽口。

做法

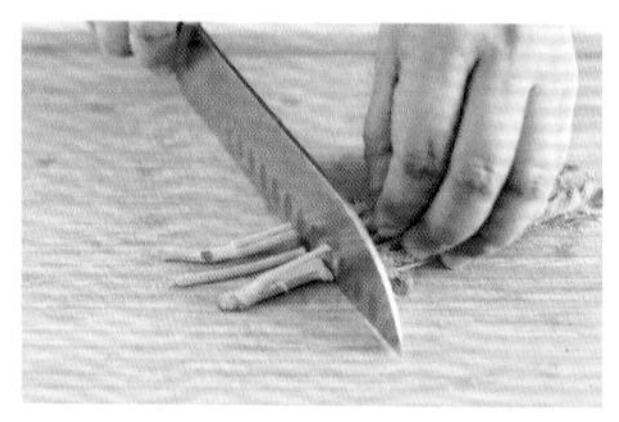

1. 羽衣甘蓝去除老化的叶片，切掉根部。

2. 洗净后甩干表面水分。

3. 留 1 小根作装饰，其余的切碎后放入榨汁机。

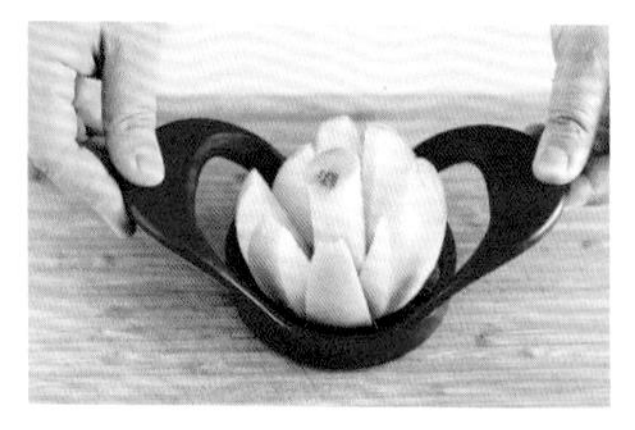

4. 青苹果洗净，果把朝下放在案板上，用切苹果器对准果核部分用力向下压。

5. 丢弃果核，将分离出的苹果瓣放入榨汁机。

6. 搅打均匀，装杯后点缀羽衣甘蓝叶即可。

小贴士

- 羽衣甘蓝体积比较蓬松，将苹果瓣用力向下压实即可。
- 如果嫌青苹果口感过酸，可以适当加 1 汤匙蜂蜜调和口味。

哈密西柚胡萝卜

10 分钟　简单

材料

哈密瓜 1/4 个（约 100 克）/
西柚半个（约 100 克）/
胡萝卜 1 小根（约 75 克）

美丽说

哈密瓜中含有丰富的抗氧化剂，能够减少皮肤黑色素的形成，祛斑美白。西柚中的维生素 P 能增强皮肤的代谢功能，胡萝卜中的膳食纤维则可润肠通便。

做法

1. 哈密瓜洗净外皮，对半切开。

2. 去籽后用削皮器削去瓜皮，切成小块。

3. 西柚切成 6 瓣，剥皮去籽，剥出西柚果肉。

4. 留一小块较为完整漂亮的西柚肉备用。

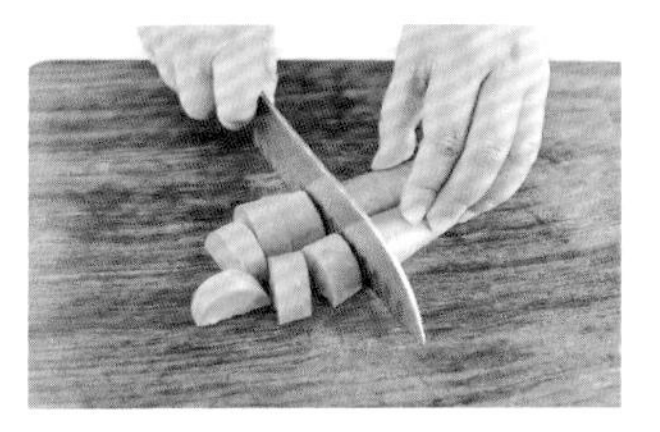

5. 胡萝卜洗净，切去根部，然后切成小块。

6. 将哈密瓜块、西柚肉、胡萝卜块一起放入榨汁机，搅打均匀后倒入杯中，将步骤 4 预留的西柚肉摆放在最上面即可。

小贴士

挑选胡萝卜时，应选择外皮光滑、有光泽、纹路少而饱满的个体，如果还带有鲜嫩的胡萝卜缨最好，这样的胡萝卜水分多、甜度大，打汁特别好喝。

桑葚雪梨蔓越莓

 8分钟  简单

材料

桑葚 100 克 / 雪梨 1 个（约 120 克）/
蔓越莓干 20 克 / 纯净水 50 毫升

美丽说

桑葚具有分解脂肪、嫩白皮肤的作用。而蔓越莓被尊为“女性红宝石”，对女性的泌尿系统有着不可替代的杀菌、养护作用。这款果汁呈现漂亮的紫红色，健康又养眼。

做法

1. 将蔓越莓干用清水浸泡 10 分钟以上备用。

2. 桑葚洗净，沥干水分。

3. 雪梨洗净，梨把朝上，切成 4 瓣。

4. 在果核处呈 V 字形划两刀，切掉梨核，然后切成小块。

5. 留 1 个桑葚备用，将其余的桑葚与雪梨放入榨汁机，加入蔓越莓和纯净水，搅打均匀。

6. 倒入杯中，点缀上步骤 5 预留的桑葚即可。

小贴士

可以尝试用 20 毫升朗姆酒来浸泡蔓越莓干，一杯令人微醺迷醉的水果酒就诞生了！

菠萝杨桃思慕雪

 8 分钟 简单

材料

菠萝 1/4 个（约 100 克）/
杨桃 1 个（约 100 克）/
酸奶 200 毫升 / 纯净水 500 毫升 / 盐 1 茶匙

美丽说

菠萝不仅颜色漂亮，酸甜多汁，还有美白瘦身的功效；杨桃酸甜翠绿，可清热利咽、生津止渴。搭配清肠胃、助排便的酸奶，酸酸甜甜，消除夏日燥热，让身体更加轻盈。

做法

1. 500 毫升纯净水加 1 茶匙盐调匀。

2. 菠萝切成小块，放入淡盐水中浸泡半小时以上。

3. 杨桃洗净，切成薄片。

4. 保留其中一片作装饰。

5. 菠萝捞出沥干后与杨桃一起放入榨汁机，加入酸奶。

6. 搅打均匀后倒入杯中，装饰上杨桃片即可。

小贴士

将杨桃片平铺在杯面上，造型非常漂亮。

美丽说

桃子是众所周知的养人水果，搭配富含维生素 C 的柠檬，美白效果加倍。茉莉绿茶的清香，混合着水果的酸甜，这样芬芳清新的饮品，谁能不喜欢呢？

小贴士

冲泡绿茶的水温不可过高，否则会损失绿茶的清新滋味，并产生苦涩味。

油桃柠檬茉莉茶

 10 分钟　简单

材料

油桃 1 个（约 100 克）/
柠檬 1 个（约 50 克）/ 茉莉绿茶 4 包 /
纯净水 1 升

做法

1. 将纯净水烧开，冷却至 85℃左右，取 300 毫升使用。加入茉莉绿茶包，浸泡 30 秒后取出，将水倒掉。将茶包放入凉水杯，加入剩余的热水。
2. 油桃去核，切成半圆形的薄片。鲜柠檬洗净，切成薄片。
3. 将油桃片和柠檬片加入茶水中，取出茶包即可。

美丽说

心情不好时来杯香蕉牛奶木瓜汁吧，在补充体力和营养的同时，还能够调节情绪、改善心情，长期坚持饮用，还能安神养眠，美白肌肤。

香蕉木瓜汁

 5 分钟　简单

材料

香蕉 1 根（约 100 克）/ 木瓜 150 克 /
牛奶 1 盒（200 毫升）

做法

1. 将木瓜洗净，去皮，竖着对半切开，去籽，切成小块。
2. 香蕉剥皮，切成小段。
3. 将木瓜块和香蕉段放入榨汁机中，加入牛奶。
4. 搅打均匀，装杯后可点缀薄荷叶装饰。

小贴士

成熟的木瓜肚子鼓鼓的，分量会轻一些，颜色也更偏橙黄。如果摸上去黏黏的，说明有糖胶渗出，选这样的木瓜榨汁，味道更香甜。

青椒椰子汁

10 分钟　中等

材料

青椒 1 个（约 50 克）/ 椰皇 1 个（约 1000 克）

做法

1. 青椒洗净，去蒂、去籽，切成小块。
2. 将椰子水倒入碗中备用，椰子肉切成小块。
3. 将青椒和椰子水、椰肉一起放入榨汁机中，搅打均匀，滤渣后装杯即可。

小贴士　一定要选择尾部发白且外皮略显褐色的老椰子，其肉厚鲜嫩，味道也更香浓。

美丽说　青椒中的青椒素可以提升食欲，搭配椰子榨汁，有助于维生素 C 的吸收，可以滋养肌肤、美白养颜、缓解疲劳。

紫甘蓝黄瓜苹果汁

5 分钟　 简单

材料

紫甘蓝 100 克 / 黄瓜 1 根（约 80 克）/
苹果 1 个（约 100 克）/ 蜂蜜 1 汤匙

做法

1. 紫甘蓝洗净，分片，切丝。
2. 黄瓜洗净，去皮，切小段。
3. 苹果洗净，去皮、去核，切小块。
4. 将紫甘蓝，黄瓜和苹果放入榨汁机中搅打均匀。
5. 倒入杯中，加入蜂蜜搅拌即可。

小贴士　紫甘蓝可以生食，无须过沸水，建议在洗净后放入淡盐水中腌制一会儿，其口感会更清爽，颜色也会变得更艳丽。

美丽说　这道果蔬汁酸甜可口，其丰富的花青素，对改善肤色、减少色斑有着很好的效果。常喝不但能美容养颜，还能增强免疫力，让你越喝越健康。

美丽说

这道果蔬汁因番茄的加入，含有了丰富的维生素 A 和维生素 C，让你在瘦身的同时又改善肤色。此外，它还能够净化血液，降低血压。

番茄芹菜汁

 5 分钟 简单

材料

番茄 2 个（约 250 克）/ 芹菜 50 克 / 蜂蜜 1 汤匙 / 纯净水 100 毫升

做法

1. 番茄洗净，用开水烫一下，去皮，切小块。
2. 芹菜择叶、去根，洗净，切成小段，放入榨汁机中榨汁。
3. 将番茄块、芹菜汁、纯净水和蜂蜜一起搅打均匀，装杯即可。

小贴士

建议选用肉多的西芹，榨出的原汁密度大，味道也更浓郁。

美丽说

猕猴桃含丰富的维生素 C，不仅能美白肌肤、延缓衰老，还能帮助消化。菠萝与番茄也富含维生素 C，这三种食材搭配，开胃、解腻、助消化。

番茄猕猴桃菠萝汁

 10 分钟 简单

材料

番茄 200 克 / 猕猴桃 250 克 / 菠萝 200 克 / 蜂蜜少许 / 纯净水 50 毫升

做法

1. 番茄洗净，去皮，去蒂，切成小块；猕猴桃洗净，将果肉切成小块。
2. 菠萝取果肉，切成小块，在盐水里浸泡 30 分钟后捞出。
3. 将番茄、猕猴桃、菠萝一起放入榨汁机中。
4. 加入少许蜂蜜与纯净水，搅打均匀即可。

小贴士

给猕猴桃轻松去皮：将猕猴桃洗净，切掉两头，用汤匙在果皮与果肉的交界处推进去，慢慢转圈，把果肉与果皮分开，最后将果皮轻轻一拉。

草莓甜椒苹果汁

15 分钟  简单

材料

黄甜椒 100 克 / 草莓 160 克 / 苹果 250 克 /
冰糖 20 克 / 柠檬半个 / 纯净水适量

做法

1. 黄甜椒洗净，对半切开，去蒂、去籽，切成小块，放入沸水中焯 1 分钟，捞出，沥干。
2. 草莓洗净，切块；苹果洗净、去核，切成小块。
3. 取空碗，放入冰糖，加入刚刚没过冰糖的纯净水，化成糖水待用。
4. 柠檬洗净，切半，用榨汁器取半个柠檬的果汁。
5. 将黄甜椒、草莓、苹果一起放入榨汁机中，加入冰糖水与 100 毫升纯净水，搅打均匀。将果蔬汁倒入杯中，加入柠檬汁搅匀。

美丽说

甜椒有一点淡淡的甜味，草莓和苹果搭配，不仅能增添亮色，还可以美白护肤。甜椒富含膳食纤维，可以促进消化，帮助肠胃吸收。

小贴士

如果没有榨汁器，可以先将柠檬用盐搓洗干净，然后在桌面上轻揉，使柠檬变得柔软，再切开挤汁。

柠檬番茄汁

8 分钟  简单

材料

柠檬 150 克 / 番茄 400 克 / 蜂蜜少许 / 冰块少许

做法

1. 柠檬洗净，切 1 片作装饰，用榨汁器取半个柠檬的果汁。
2. 番茄洗净后去皮、去蒂，切成小块，放入榨汁机中，加蜂蜜搅打均匀。
3. 将番茄汁倒入杯中，加入柠檬汁，搅匀后放入冰块，杯口插柠檬片装饰即可。

美丽说

番茄富含维生素 C 与胡萝卜素，有增强免疫力和美白护肤的功效。柠檬同样含有大量的维生素 C，对于抑制色素沉淀有非常好的功效。餐前喝一杯，不仅可以提升食欲，还能美白。

小贴士

轻松给番茄去皮：先将番茄洗净，在顶部和底部划十字花，然后用开水淋烫番茄，最后沿着卷起的皮轻轻撕下即可。

美丽说

黄瓜和柠檬都含有大量的维生素 C，有美白护肤的功效。黄瓜还含有膳食纤维，可以加快肠道蠕动，帮助体内宿便的排出，起到减肥的功效。

柠檬蜂蜜黄瓜汁

15 分钟　简单

材料

黄瓜 350 克 / 柠檬 80 克 / 苹果 150 克 / 蜂蜜少许

做法

1. 黄瓜洗净，去皮，切成小段待用。
2. 柠檬洗净，切成薄片，留几片作装饰；苹果洗净，去皮，切成小块待用。
3. 将黄瓜段、柠檬片、苹果块一起放入榨汁机中。
4. 加入少许蜂蜜，搅打均匀，装杯后放预留的柠檬片装饰即可。

小贴士

清洗柠檬时先用 40℃左右的温水浸泡 10 分钟左右，这样可以溶解柠檬表皮的蜡，再用盐来回搓洗，这样可以有效洗掉柠檬表皮的残留物。

美丽说

圆白菜富含维生素 C，有美白抗氧化的功效；柠檬的维生素含量也非常丰富，可以促进皮肤的新陈代谢，延缓衰老。

圆白菜柠檬橘子汁

8 分钟　 简单

材料

圆白菜 150 克 / 柠檬 40 克 / 橘子 200 克 / 蜂蜜少许 / 冰块少许 / 纯净水 150 毫升

做法

1. 圆白菜洗净，切成碎块，放入沸水中焯 1 分钟，捞出，沥干。
2. 将柠檬洗净、切半，用柠檬榨汁器取汁备用。
3. 橘子去皮，剥瓣、去籽待用。
4. 将圆白菜、橘子一起放入榨汁机中，加入蜂蜜和纯净水，搅打均匀后倒入杯中，加入柠檬汁、冰块，搅拌均匀。

小贴士

清洗圆白菜时要先将外层的菜叶去掉，因为最外层的菜叶最容易有农药残留。

05 补血益气

想要在轻断食期间依然拥有红润的好气色，
选择能够养血补血、滋阴润燥的果蔬汁一定错不了。

生姜甘蔗红枣汁

 8 分钟 简单

材料

生姜 1 小块 / 甘蔗 500 克 /
干红枣 6 颗（约 25 克）/ 红糖 10 克 /
纯净水 600 毫升

美丽说

甘蔗汁滋阴润燥，生姜发汗解表，红枣富含铁元素，补血养颜，搭配具有活血化瘀功效的红糖，甜蜜暖意从舌尖直上心头。

做法

1. 生姜洗净，切成薄片。

2. 干红枣洗净浮尘，沥干水分。

3. 小奶锅加水烧开，放入生姜片、红枣、红糖，加盖后中小火煮 3 分钟。

4. 关火后开盖放凉。

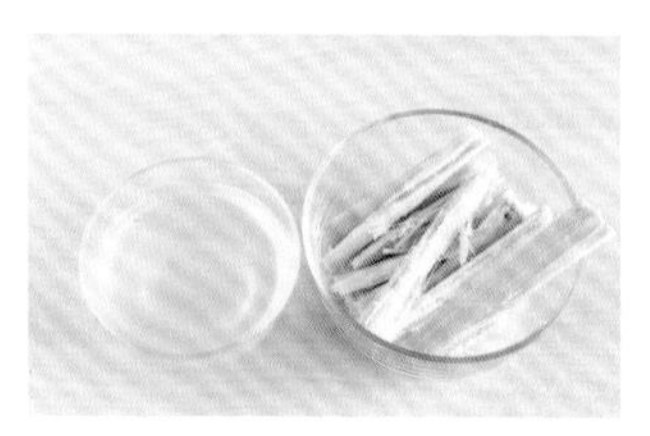

5. 甘蔗剁成小块，放入原汁机，榨出甘蔗汁。

6. 将红枣生姜水和甘蔗汁倒入容器中混合即可。

小贴士

务必请卖甘蔗的商贩帮忙把甘蔗皮削去并砍成小段，有些商贩会配有甘蔗榨汁机，请他们代为榨汁更加方便。

荔枝提子雪梨汁

10 分钟　简单

材料

荔枝 100 克 / 无籽红提 100 克 /
雪梨 1 个（约 120 克）/ 纯净水 100 毫升

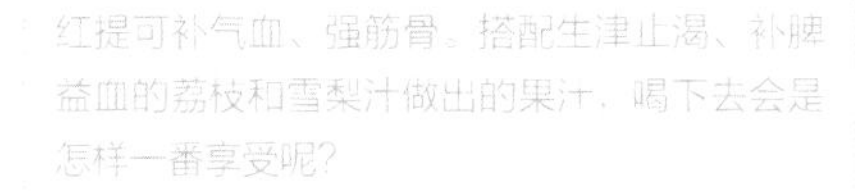

红提可补气血、强筋骨。搭配生津止渴、补脾益血的荔枝和雪梨汁做出的果汁，喝下去会是怎样一番享受呢？

做法

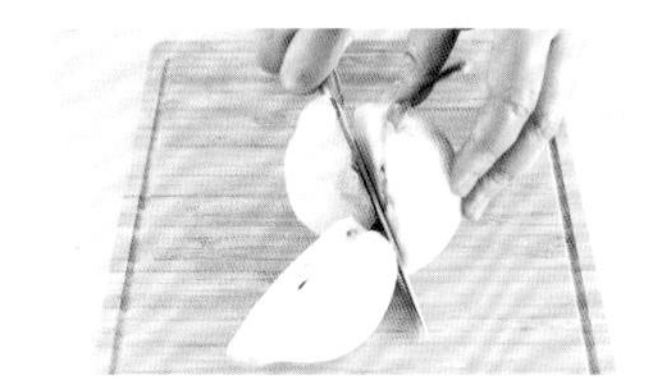

1. 雪梨洗净，梨把朝上，切成 4 瓣。

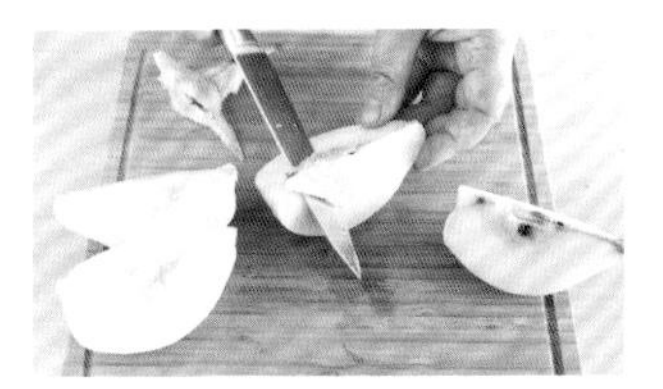

2. 在果核处呈 V 字形划两刀，切掉梨核。

3. 将雪梨切成小块。

4. 荔枝洗净，剥壳去核。

5. 无籽红提洗净，沥干水分，留 1 颗切片作装饰。

6. 将雪梨、荔枝肉、红提和纯净水一起放入榨汁机中搅打均匀，放红提片装饰即可。

正宗的红提果皮厚实，无涩味，个头大而呈正圆形，无籽多汁，饱满耐存放。

樱桃雪梨汁

15 分钟　简单

材料

樱桃 100 克 / 雪梨 2 个（约 240 克）

樱桃富含铁元素，补血效果极佳，还可以帮助清除体内废物，增强体质。

做法

1. 樱桃洗净，沥干水分。

2. 预先留 1 个作为装饰，其余的择去梗部。

3. 用较硬的吸管或筷子将核去除。

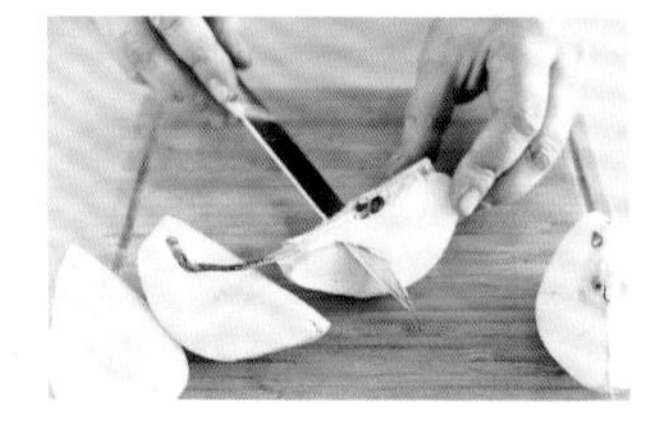

4. 雪梨洗净，梨把朝上，切成 4 瓣，在果核处呈 V 字形划两刀，切掉梨核。

5. 将雪梨切成小块，与樱桃一起放入榨汁机。

6. 搅打均匀，倒入杯中，在杯口点缀上步骤 2 预留的樱桃即可。

如果没有较硬的吸管，也可以将樱桃对半切开，手动去核。

枸杞红枣樱桃汁

 10 分钟　简单

材料

枸杞子 10 克 / 红枣 6 颗（约 25 克）/ 樱桃 100 克 / 纯净水 1 升 / 冰糖 10 克

滋肾润肺的枸杞子、补血养颜的红枣，还有水果中含铁量极高的樱桃，这三种大大小小深深浅浅的红色果实聚在一杯之中，喝下去，它们就会告诉你美丽的秘密。

做法

1. 枸杞子和红枣一起洗净浮尘，沥干水分。

2. 与冰糖一起放入大凉杯。

3. 将纯净水烧开，倒入大凉杯内。

4. 樱桃洗净，沥干水分。

5. 放入保鲜袋，扎紧袋口，用擀面杖轻轻敲打几下，使樱桃轻微破裂。

6. 将樱桃倒入凉杯内即可。

如果使用个头较大的樱桃，可以用水果刀将其切成两半，会更加好看。

桂圆石榴香梨汁

15 分钟　简单

材料

鲜桂圆 100 克 / 石榴半个（约 50 克）/
库尔勒香梨 2 个（约 160 克）/
纯净水 100 毫升

美丽说

桂圆益脾补血、润泽肌肤，是可入药的水果；库尔勒香梨是维吾尔族医生们大为推崇的健康食材，搭配能够滋阴养血的石榴，味道好，意头更好。

做法

1. 香梨洗净，梨把朝上，切成 4 瓣，在果核处呈 V 字形划两刀，切掉梨核，然后将香梨切成小块。

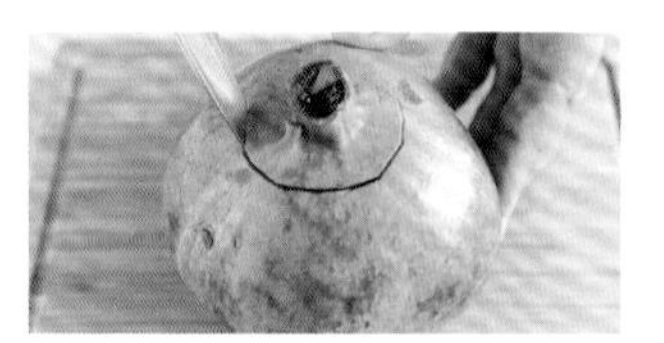

2. 石榴在距离开口处 2 厘米左右的位置，用水果刀划开一个圆圈（划透果皮即可）。

3. 用手将划掉的石榴皮顶部拽下，然后沿着内部的隔膜将石榴皮的侧边划开。

4. 将石榴掰开，即可轻松剥出石榴籽。留少许作装饰。

5. 桂圆洗净，剥皮去核，取出果肉备用。

6. 将香梨块、桂圆肉、石榴籽和纯净水一起放入榨汁机，搅打均匀后倒入杯中，撒入石榴籽，可放干净的叶子装饰。

小贴士

也可以使用桂圆干，但是尽量购买原味晒干的，而不是蜜渍的，这样糖分摄入少，更加健康。使用桂圆干前先用饮用水浸泡一会儿，使桂圆干恢复一些水分，这样打出的果汁口感更加细腻。

奇异苹果丑橘汁

 8 分钟　简单

材料

猕猴桃 1 个（约 60 克）/
苹果 1 个（约 100 克）/
丑橘 1 个（约 160 克）

其实丑橘一点也不丑，尤其在你尝过了它异常柔软的果肉之后，那果冻一般的口感绝对让人难以忘怀。富含叶酸的丑橘，能够预防贫血，搭配苹果和猕猴桃，真是一杯柔情满满的果汁呢！

做法

1. 苹果洗净外皮，用切苹果器去核后切小块。

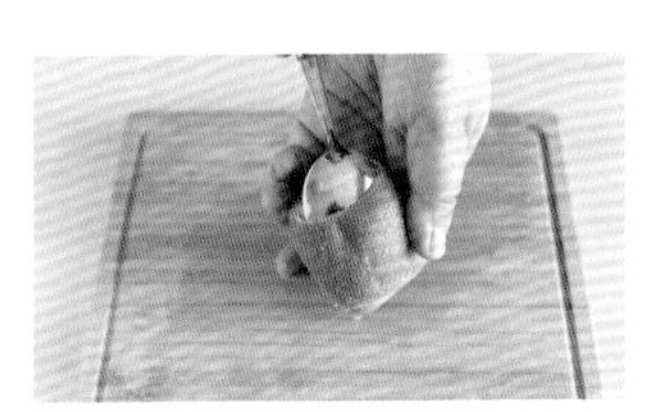

2. 猕猴桃去皮，取出果肉。

3. 留 1 片猕猴桃，切小块，作为装饰。

4. 丑橘洗净，剥去外皮。

5. 仔细检查每一瓣丑橘，如果有籽，取出丢掉。

6. 将苹果、猕猴桃和丑橘一并放入榨汁机，搅打均匀后倒入杯中，点缀上步骤 3 预留的猕猴桃即可。

丑橘以川西盆地所产为佳，好的丑橘应该果皮柔软、与果肉间有大的空隙，橘肉柔软多汁，甜度高而酸度低。

奇异西柚胡萝卜

 8分钟　简单

材料

猕猴桃1个（约60克）/
西柚1/4个（约100克）/
胡萝卜半根（约50克）

美丽说

猕猴桃富含维生素C，具有抗氧化、增强免疫力的功效；高钾低钠的西柚对心血管大有益处；富含多种维生素及矿物质的胡萝卜，则有益肝明目、改善贫血的作用。

做法

1. 猕猴桃去皮，取出果肉。

2. 胡萝卜洗净，切成厚约2毫米的圆片。

3. 取2片，用花朵形蔬菜切模切出花朵的形状。

4. 西柚剥皮去籽，仔细去除瓣膜，剥出西柚肉。

5. 将猕猴桃、胡萝卜、西柚肉一起放入榨汁机，搅打均匀。

6. 倒入杯中，在杯顶点缀上步骤3切好的胡萝卜花朵即可。

小贴士

如果没有蔬菜切模，也可以尝试用小刀切成较为简单的心形。

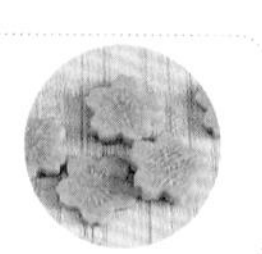

胡萝卜南瓜汁

10 分钟  简单

材料

胡萝卜 1 根（约 100 克）/
南瓜 200 克 / 纯净水 100 毫升

南瓜含有丰富的钴，钴能活跃人体新陈代谢，促进造血功能。这两种蔬菜都具有最能引起人食欲的橙色，令人一饮而尽，酣畅痛快。

做法

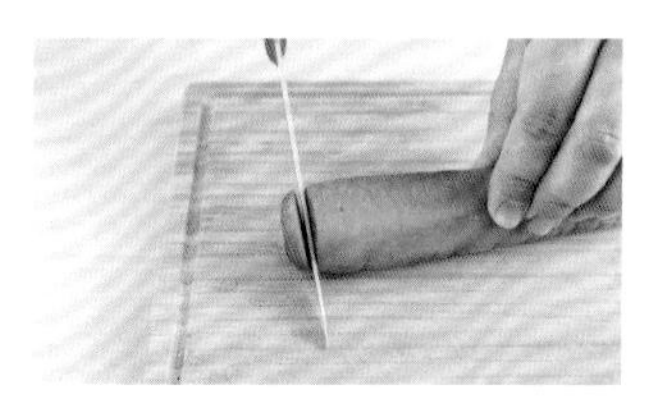

1. 胡萝卜洗净，切去萝卜头部分。

2. 将胡萝卜切成厚约 1 厘米的小段。

3. 南瓜洗净外皮，去籽，切成小块。

4. 将胡萝卜和南瓜一起放入小碗中，盖上保鲜膜，并用牙签扎几个孔。

5. 放入微波炉高火转 3 分钟左右，至胡萝卜和南瓜熟透。

6. 冷却至不烫手后，放入榨汁机，加入纯净水，搅打均匀，装杯后可点缀薄荷叶装饰。

- 也可以将胡萝卜与南瓜块一起放入蒸锅内，大火蒸 10 分钟左右即可。
- 如果喜欢热饮，可将生的胡萝卜、南瓜和纯净水直接放入米糊机内来制作。
- 南瓜皮营养丰富，不宜丢弃，清洗干净后直接使用，榨汁机或米糊机的刀片会将难以下咽的南瓜皮打得很细腻。

桂圆桑葚番茄

5分钟 简单

材料

鲜桂圆100克 / 桑葚100克 / 番茄1个（约200克）

桂圆益心脾、补气血、安神志；桑葚补血滋阴、生津润燥；番茄富含番茄红素，能够抗氧化、防衰老。要成为气色红润的不老女神，一杯简单的果蔬汁就能搞定！

做法

1. 桑葚用清水浸泡10分钟，再冲洗两遍，沥干，留几个作装饰。

2. 桂圆洗净，剥皮去核，取出果肉。

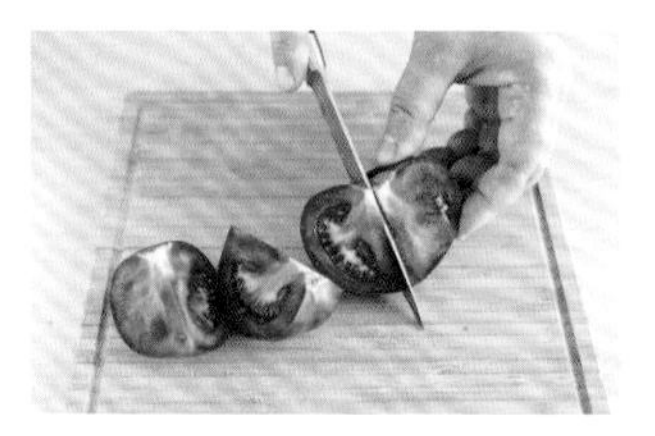

3. 番茄洗净外皮，头朝下放在案板上，切成4瓣。

4. 用刀将白色硬心连同番茄蒂一并切除。

5. 将番茄、桑葚、桂圆肉一起放入榨汁机。

6. 搅打均匀，装杯后点缀预留的桑葚即可。

桑葚有黑白两种，鲜食以紫黑色为补益上品。未成熟的桑葚切记不能食用。

苹果菠菜杨桃汁

 8 分钟 简单

材料

苹果 1 个（约 100 克）/ 菠菜 100 克 /
杨桃 1 个（约 100 克）/ 纯净水 100 毫升

美丽说

富含铁质的菠菜，具有养血补血的功效，常吃能够增强青春活力。把它和好味道的苹果与杨桃一起榨汁，不仅要让身体强壮，口感也要甜甜蜜蜜！

做法

1. 苹果洗净外皮，用切苹果器去核后切小块。

2. 菠菜择去老叶，放入洗菜盆冲洗干净，沥干水分。

3. 将菠菜切成 2 厘米长的段。

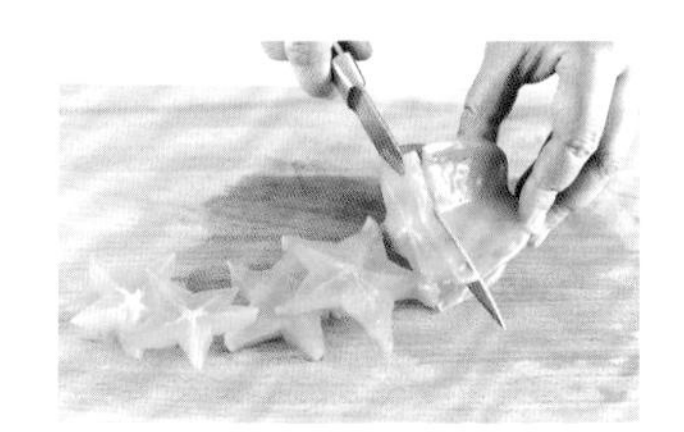

4. 杨桃洗净，切成厚约 2 毫米的薄片。

5. 留 2 片杨桃作为装饰，其余的和苹果块、菠菜、纯净水一起放入榨汁机。

6. 搅打均匀后倒入杯中，将步骤 5 预留的杨桃片卡在杯口作为装饰即可。

小贴士

- 菠菜根的营养非常丰富，尽量洗净泥土，保留菠菜根。
- 如果喝不惯生菠菜的味道，也可以先将菠菜焯水后再制作。

美丽说

甜菜富含维生素 B_{12} 和铁，具有活血、补血的功效。搭配香橙与西柚能美容养颜，加快肠胃蠕动，清除体内的垃圾，养出好气色。

甜菜香橙西柚汁

 5 分钟 简单

材料

甜菜 170 克 / 香橙 150 克 / 西柚 200 克 / 香梨 250 克 / 冰块少许

做法

1. 甜菜洗净，去皮、去根，切成小块待用。
2. 香橙和西柚去皮，去籽，切成小块，留少许西柚果肉作装饰。
3. 香梨洗净，去皮，去核，切成小块待用。
4. 将甜菜、香橙、西柚、香梨一起放入榨汁机中搅打均匀，倒入杯中，加入冰块，放西柚果肉装饰。

小贴士 喜欢果蔬汁的水分多一点，口感甜一些的，可以适当增加香梨的用量。

美丽说

红枣富含维生素和氨基酸，是天然的美容食品，可以补中益气、养血安神、抗衰老。红枣和生姜这对老搭档，搭配甜美的橘肉，调出新的口感体验。

红枣生姜橘子汁

 5 分钟 简单

材料

红枣 65 克 / 生姜 3 克 / 橘子 300 克 / 蜂蜜少许 / 纯净水 100 毫升

做法

1. 红枣洗净，去核待用；生姜洗净，去皮，切片。
2. 橘子去皮，剥瓣、去籽待用。
3. 将红枣、生姜、橘子一起放入榨汁机中。
4. 加入少许蜂蜜和纯净水，搅打均匀。
5. 将搅打好的果蔬汁用滤网过滤即可。

小贴士 红枣、生姜、橘子搅打后果渣较多，过滤后的口感会更好。

桂圆红枣玫瑰茶

5 分钟　简单

材料

桂圆干 6 颗 / 红枣 6 颗 / 玫瑰花蕾 6 颗 /
开水 600 毫升 / 黑糖 10 克

做法

1. 桂圆干剥皮，去核。红枣洗净。
2. 将桂圆干、玫瑰花蕾和红枣一起放入花茶壶中。
3. 加入黑糖，倒入开水。
4. 将黑糖搅拌至化开，再静置 10 分钟以上即可。

小贴士 除了块状黑糖，也可以选用液体或散装的黑糖来制作，使用量在 10 克左右。

香桃樱花水

20 分钟　 简单

材料

水蜜桃 1 个（约 200 克）/ 盐渍樱花 6 朵 /
桃胶 5 克 / 冰糖 5 克 / 纯净水 600 毫升

做法

1. 桃胶提前 12 小时用清水浸泡。
2. 桃胶放入小奶锅内，加入纯净水，大火烧开后转小火，加盖煮 20 分钟。
3. 盐渍樱花用清水浸泡 5 分钟，倒掉盐水，再冲洗两遍，动作要轻柔，尽量保持花朵的完整。
4. 水蜜桃洗净，去除果核，将桃子切成半圆形的薄片。
5. 将水蜜桃片、盐渍樱花放入花茶壶中，加入冰糖，倒入煮好的桃胶水即可。

小贴士 如果桃胶有杂质，浸泡过程中需要换几次清水。

美丽说

阿胶自古就是备受推崇的补血养颜圣品，品质上乘的阿胶散发着甘甜的香气，能为饮品增色不少。但是注意，阿胶虽好，却不能过量，一日服用超过 9 克会引起上火。推荐 3~6 克为最佳用量。

阿胶花生奶

15 分钟　简单

材料

阿胶粉 3 克 / 生花生仁（带红衣）30 克 / 牛奶 250 毫升 / 开水 50 毫升 / 红糖 10 克

做法

1. 生花生仁洗净，沥干水分。
2. 将阿胶粉放入小杯中，注入开水，搅拌至化开。
3. 将花生仁、阿胶水、牛奶一起倒入米糊机中，选择豆浆模式。制作好后倒入杯中，加入红糖调味，表面可撒少许红糖装饰。

小贴士

药店购买阿胶时都有代打粉服务，可以打粉后放入密封袋内置于冰箱冷藏。

美丽说

桂花有补血养血、养颜美容、化痰止咳的作用。灿若金米的桂花，与枝头硕果累累的金橘一同酿于益气暖胃的普洱茶之中，是让人倍感幸福的一件乐事！

金橘桂花普洱茶

15 分钟　 简单

材料

青金橘 3 颗 / 桂花 3 克 / 普洱茶 5 克 / 纯净水 1 升

做法

1. 青金橘洗净，切成薄片。
2. 将纯净水烧开，普洱茶放入飘逸杯的内胆，注入 200 毫升沸水，8 秒后将水滤掉。
3. 将桂花放入内胆，再次注入 200 毫升沸水，8 秒后将滤下的水倒掉。
4. 取出内胆，将青金橘片放入飘逸杯中。
5. 将内胆装回飘逸杯，分 3 次注入余下的沸水，过滤时间分别约为 12 秒、20 秒、30 秒。

小贴士

步骤 1~步骤 3 是为了将普洱茶和桂花中的浮尘清洗干净，使茶的口味更加纯净、清澈，此步骤一定不可省略。

生姜黑糖枸杞水

美丽说 生姜能够发汗解表，驱除寒邪；黑糖能增加能量、补血又活血。加上促免疫、抗衰老的枸杞子，非常适合女性经期饮用。

15 分钟  简单

材料

生姜 1 小块（约 30 克）/ 枸杞子 5 克 /
黑糖 1 小块（约 10 克）/ 纯净水 400 毫升

做法

1. 生姜洗净，切成薄片。枸杞子洗净，沥干。
2. 在锅内加入纯净水，加入姜片，煮沸。
3. 加入枸杞子和黑糖，小火煮 3 分钟。
4. 关火，盖上盖子，闷 10 分钟左右即可。

小贴士 最后闷 10 分钟非常重要，可以让姜片和枸杞子的味道和营养成分慢慢析出。

玫瑰蜜桃汁

10 分钟  简单

材料

水蜜桃 2 个（约 350 克）/ 玫瑰花蕾 5 克 /
蜂蜜 1 汤匙 / 温水 150 毫升

做法

1. 将玫瑰花蕾用温水浸泡。
2. 冷却后用漏网过滤出玫瑰水。
3. 将水蜜桃洗净，去皮、去核，切成小块。
4. 将水蜜桃块和玫瑰水一起放入榨汁机中，加入蜂蜜。
5. 搅打均匀，装杯即可。

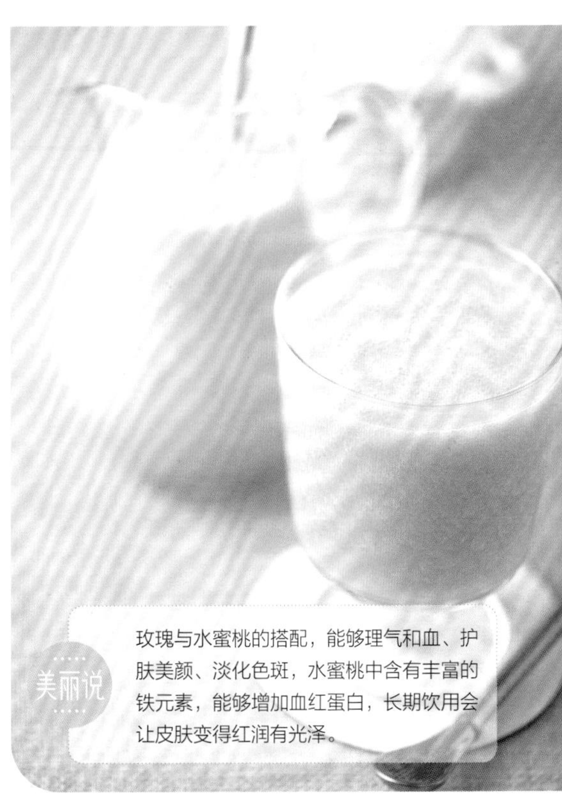

美丽说 玫瑰与水蜜桃的搭配，能够理气和血、护肤美颜、淡化色斑，水蜜桃中含有丰富的铁元素，能够增加血红蛋白，长期饮用会让皮肤变得红润有光泽。

小贴士 尽量选择香味浓郁的玫瑰花，其味道纯正，不含香精，香气更持久。

美丽说

这道由玫瑰和蔓越莓搭配的饮品，不但能够补气养血，对保护心血管也有很好的效果。经常饮用还能够减少色素沉积和皱纹的产生，使皮肤细腻光滑。

玫瑰蔓越莓茶

20 分钟　简单

材料

玫瑰花蕾 3 克 / 蔓越莓干 15 克 / 蜂蜜 1 汤匙 / 纯净水适量

做法

1. 玫瑰花蕾洗净，用温水泡软备用。
2. 蔓越莓干洗净，冷水浸泡后捞出，沥干。
3. 净锅，倒入适量纯净水，大火煮开，放入蔓越莓干。转小火煮 1 分钟后，放入玫瑰花茶。
4. 关火闷 2 分钟后将花茶倒入杯中，加蜂蜜，搅匀。

小贴士：蔓越莓干本身不太甜，加点蜂蜜可以调节一下口味。

美丽说

红枣富含维生素 C，有补血美颜的食疗功效。它与香橙、红茶搭配制成茶饮，酸中带甜，能够暖身、预防感冒。

香橙红枣茶

10 分钟　简单

材料

香橙 400 克 / 红枣 30 克 / 红茶包 1 包 / 红糖少许 / 纯净水 700 毫升

做法

1. 香橙洗净，切成月牙形，先挤汁到冷饮壶中，再把果肉一起放进去。
2. 红枣洗净，对半切开，去核，放入煮锅内。
3. 加入红糖与纯净水，大火烧开后关火。
4. 将红茶包放入开水中，提着茶包的线，上下浸泡 10 次左右，取出茶包，搅拌均匀。
5. 将煮好的红枣红茶水倒入冷饮壶中，与香橙搅拌均匀即可。

小贴士：不要在沸水中煮橙子，因为橙子在熬煮的过程中味道散失得比较快。

06

提神抗衰

除了含有能够提神抗压的
营养物质，光是果蔬汁那缤纷的颜色和清新的香气，就能令你在
轻断食期间依然充满能量、活力满满。

柠檬苹果甜菜根

10 分钟　简单

材料

柠檬1个（约50克）/ 苹果1个（约100克）/ 甜菜根1个（约200克）

美丽说

在古代英国传统的医疗方法中，甜菜根是治疗血液疾病的重要药物，被誉为“生命之根”，它含有丰富的硝酸盐，可以减少肌肉所需的大量的氧气，因此可以有效提高肌耐力。红通通的色泽也非常提神，让人瞬间燃起来。

做法

1. 苹果洗净外皮，用切苹果器去核，切成小块。

2. 柠檬洗净外皮，对切成两半，切1片留作装饰。

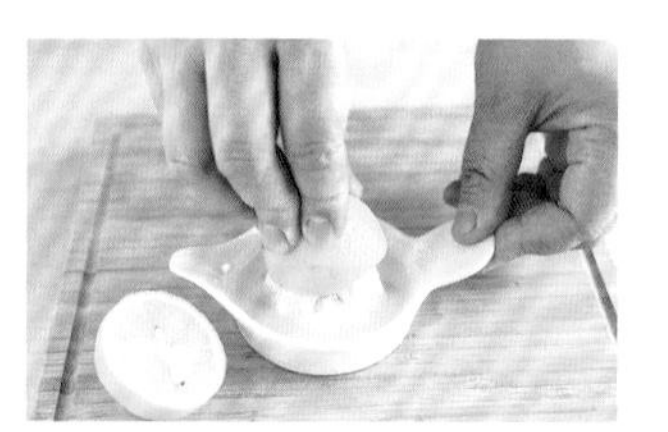

3. 用榨汁器榨出柠檬汁。

4. 甜菜根洗净，对半切开。

5. 切掉颜色较深的根部，然后切成小块。

6. 将苹果块、甜菜根、柠檬汁一起放入榨汁机，搅打均匀，装杯后在杯口插柠檬片装饰即可。

小贴士

如果有柠檬皮刨，也可以在柠檬未切开之前刮下一些柠檬皮丝，加入饮品中味道会更好。

草莓香蕉坚果奶昔

10 分钟  简单

材料

草莓 100 克 / 香蕉 1 根（约 80 克）/
养乐多 1 瓶 / 酸奶 200 毫升 / 核桃仁 5 克 /
腰果 5 克 / 巴旦木 5 克

香蕉富含果糖和钾，坚果富含不饱和脂肪酸。把它们打成一杯香浓的奶昔，运动后迅速为你补充能量。

做法

1. 草莓洗净，去心、去蒂。

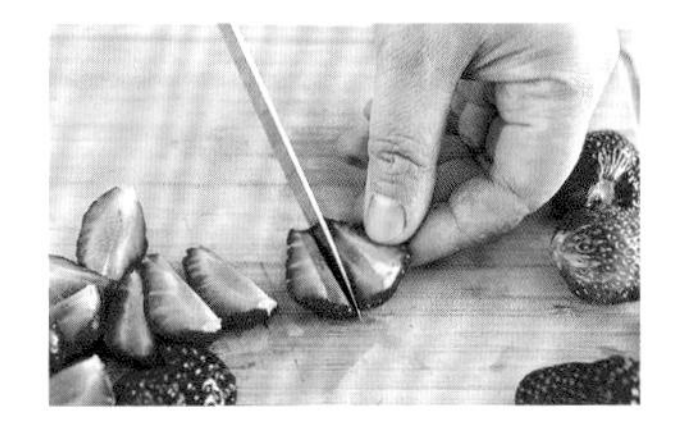

2. 将草莓切成 4 瓣。

3. 香蕉剥皮，切成小段，放入榨汁机。

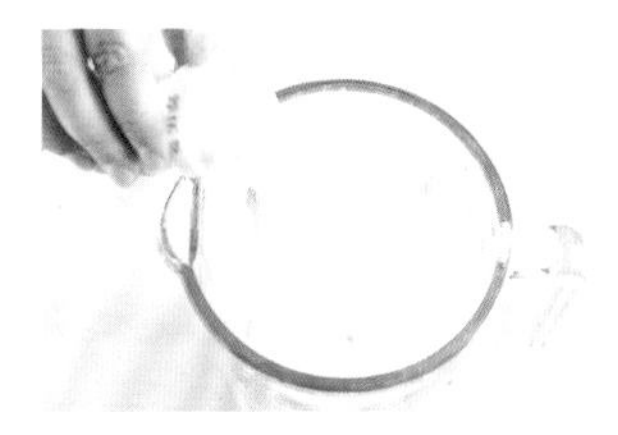

4. 加入养乐多和酸奶，搅打均匀，将搅拌好的香蕉奶昔倒入容器中。

5. 将坚果放入保鲜袋，用擀面杖擀碎。

6. 在香蕉奶昔上撒上草莓瓣和坚果碎即可。

除了文中提到的几种坚果，也可以用夏威夷果、花生等坚果来制作。

百香芒果椰奶

10 分钟　简单

材料

百香果 1 颗 / 芒果 1 个（约 200 克）/ 椰汁 200 毫升 / 牛奶 100 毫升

美丽说

清新宜人的百香果，香味独特的芒果，清甜爽口的椰子，光是看到这个组合，是不是就有一种飞去热带小岛度假的欲望了呢？它的味道，不仅能让你仿若置身热带，还能一扫你身体的疲劳！

做法

1. 将滤网架在榨汁机上。

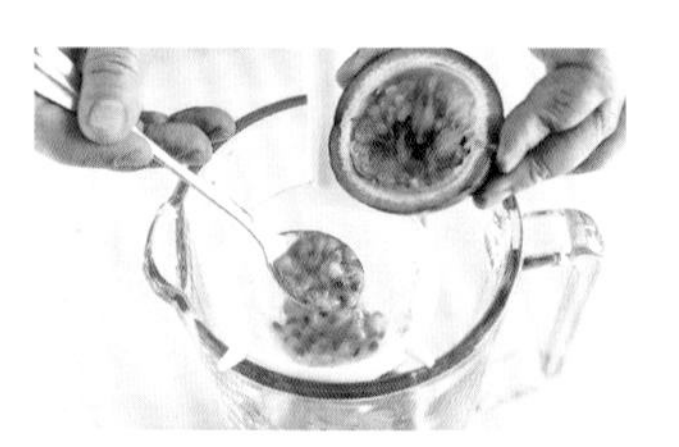

2. 百香果对半切开，用勺子挖出果肉，倒在滤网上，仅使用果汁。

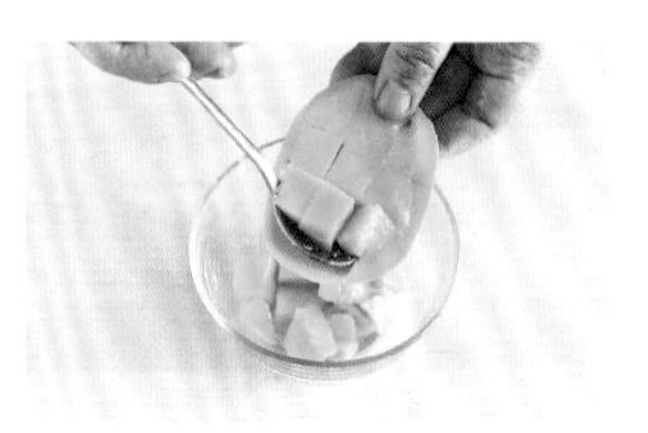

3. 芒果取出果肉，一半放入榨汁机，一半切成小块。

4. 榨汁机内加入椰汁和牛奶。

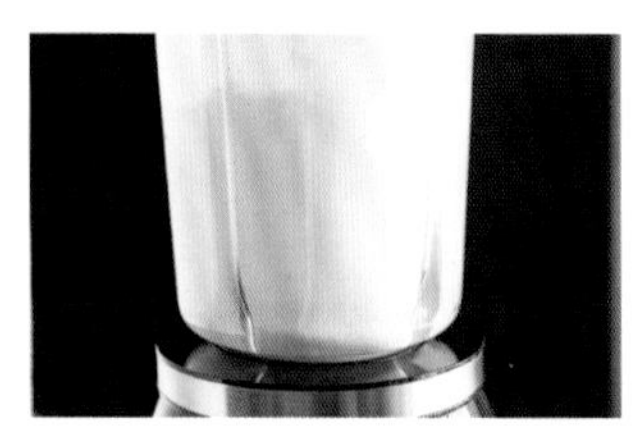

5. 搅打均匀，倒入杯中。

6. 将切好的芒果块撒入，可用薄荷叶和少许可可粉装饰。

小贴士

如果使用的是奶味比较浓重的椰奶，可以不添加牛奶，而直接使用 300 毫升椰奶即可。

百香果芒果汁

5 分钟  简单

材料

百香果 2 个（约 30 克）/
芒果 2 个（约 250 克）/ 蜂蜜 1 汤匙 /
纯净水 150 毫升

百香果含有丰富的香酚成分，有很好的安神效果，长期坚持饮用，还能够缓解疲劳，预防抑郁，让身心更加健康。

做法

1. 百香果切开，用勺搅拌，挖出果肉汁水。

2. 芒果去皮、切丁，分成大小两份备用。

3. 将百香果肉汁水和大份芒果丁、蜂蜜、纯净水一起放入榨汁机中，搅打均匀。

4. 倒入杯中，加入小份芒果果肉即可。

- 如果介意百香果籽的口感，可以在倒入杯中时过滤一下，这样果汁会更细腻。
- 百香果比较酸，成品之后如果觉得甜度不够，加点蜂蜜即可。

香香提子

15 分钟　简单

材料

脐橙 1 个（约 120 克）/
香瓜 1 个（约 200 克）/
红提 100 克 / 纯净水 100 毫升 / 面粉少许

美丽说

黄澄澄的脐橙所散发出的气味，能够有效缓解焦虑和压力；香瓜气味清香，能够除烦止渴；柔软弹牙的红提碎粒悬于其间，喝起来层次丰富，香味层层叠叠，真是让人开心的饮品呀！

做法

1. 在红提上撒少许面粉，加水浸泡 10 分钟，淘洗后切块，留少许作装饰。

2. 香瓜洗净、削皮，对半切开。

3. 去除香瓜的籽后，切成小块。

4. 脐橙切成6瓣，剥去橙子皮。

5. 将红提、香瓜块、脐橙肉放入榨汁机。

6. 加入纯净水搅打均匀，撒入切好的红提即可。

小贴士

如果买不到无籽红提，也可以尝试用同样无籽的葡萄品种来制作，例如新疆的马奶葡萄，味道也很棒。

莓果萃

5分钟  简单

材料

草莓100克 / 覆盆子100克 / 桑葚100克 / 黑加仑100克

莓果色彩缤纷，酸甜可口，小巧精致地长在枝头，让采到的人充满了惊喜。将它们混在一起做一杯果汁，能迅速补充能量，提振精神！

做法

1. 桑葚用清水浸泡10分钟，冲洗干净，沥干。

2. 草莓洗净，去心、去蒂。

3. 覆盆子洗净，沥干。

4. 黑加仑洗净，沥干。

5. 留1个桑葚和1个覆盆子作为点缀，其余的所有莓果一起放入榨汁机。

6. 搅打均匀后倒入杯中，点缀上步骤5预留的莓果即可。

如果买不到新鲜的覆盆子和黑加仑，可以用冷冻的来代替。不建议使用调和果汁来代替，甜度过高，不太健康。

玉米南瓜汁

30 分钟 中等

材料

鲜玉米 1 根 / 南瓜 200 克 /
纯净水 100 毫升 / 牛奶 250 毫升

美丽说

南瓜中的 β- 胡萝卜素可健脑，维生素 A 有助于缓解视疲劳，吃南瓜可以起到提神的作用。

做法

1. 鲜玉米剥去外皮，撕去玉米须，冲洗干净。

2. 先拦腰对半切开，再竖着将两端玉米切成两半。

3. 一排排剥下完整的玉米粒。

4. 南瓜洗净，去籽，切成小块。

5. 将南瓜块和玉米粒放入米糊机，加入纯净水和牛奶。

6. 选择五谷豆浆程序搅匀即可。

小贴士

没有新鲜玉米，也可以用冷冻的玉米粒来代替，用量大约 100 克，需提前用清水冲洗解冻、沥干水分再使用。

麦冬石斛蜜

 15 分钟　 简单

材料

麦冬 10 克 / 干铁皮石斛 5 克 / 蜂蜜适量 / 纯净水 1 升

美丽说

麦冬养阴润肺、清心除烦，可改善心烦失眠、内热消渴；铁皮石斛可补五脏虚劳、强阴益精、长肌肉、抗衰老。加以蜂蜜调味，滋味清甜、提振情绪。

做法

1. 将麦冬和铁皮石斛先用清水冲洗两遍，沥干水分。

2. 倒入陶瓷锅，加入纯净水。

3. 开火煮沸后转小火，煮 3 分钟左右。

4. 倒入杯中。

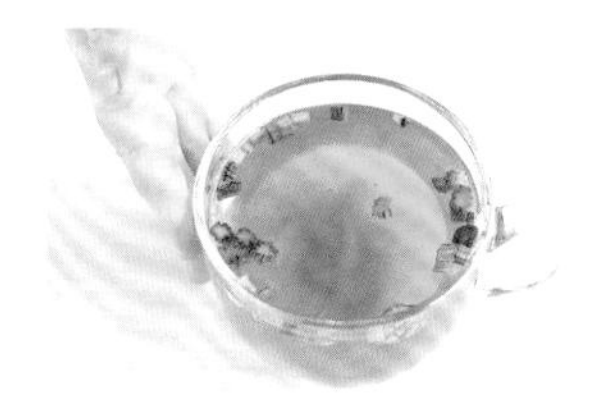

5. 等待水温冷却到60℃左右（热度为用手握住杯子不会过烫）。

6. 加入适量蜂蜜调匀（建议 250 毫升的杯子加 5 克蜂蜜即可）。

小贴士

麦冬与铁皮石斛均有药性，不能用铁器来烹煮，如果没有陶瓷锅，也可以用小砂锅、玻璃锅等来制作。

枸杞红枣花旗参

10 分钟 简单

材料

枸杞子 5 克 / 红枣 3 颗（约 25 克）/
花旗参片 5 克 / 冰糖 10 克 / 纯净水 1 升

美丽说

枸杞子与红枣都是传统的养生食材，花旗参提神醒脑、消除疲劳的功效显著，且药性偏凉，滋补而不上火，最适宜体热的人服用。

做法

1. 将枸杞子、红枣和花旗参片先用清水冲洗两遍。

2. 沥干后倒入玻璃锅。

3. 加入冰糖。

4. 注入纯净水。

5. 煮沸后转小火，煮 3 分钟左右。

6. 关火后盖上盖子闷一小会儿，待参茶颜色变深即可。

小贴士

花旗参性凉，温和不上火。自己饮用不需要购买价格昂贵的大截面参片，小截面的参片只要能确保产地，效果是一样的，性价比更高。

牛油果奶绿

 15 分钟 简单

材料

牛油果半个（约 50 克）/ 牛奶 250 毫升 / 抹茶粉 10 克 / 蜂蜜 10 克

美丽说

奶茶每个人都喝过，但是奶绿就显得略为小众了，其实将红茶置换成提神醒脑的抹茶，就是口味截然不同的奶绿。加上有着“天然抗衰老剂”之称的牛油果，华丽中透着清新，让人爱不释口。

做法

1. 取 100 毫升牛奶，放入小奶锅，加热至周围开始泛起细密的泡泡。

2. 将抹茶粉倒入杯中。

3. 将热牛奶倒入抹茶粉中。

4. 牛油果切开去核，切成小块。

5. 将牛油果和剩余的牛奶放入榨汁机，搅打均匀。

6. 将牛油果奶昔和抹茶牛奶混合，加入蜂蜜搅打均匀即可。

小贴士

好的抹茶粉应该具有碧绿的色泽和天然的绿茶香气，遇热色泽不会变黯淡，所以选购时一定要选择天然的制品，而不是人工合成的香型粉末。

山竹榴莲奶

 8 分钟　简单

材料

山竹 2 个 / 榴莲肉 150 克 / 牛奶 250 毫升

美丽说

一颗榴莲，将地球上的人类分成了两个阵营。但你往往会发现，只有反榴莲阵营的人偷偷叛变，却从未有吃过榴莲的人再放弃它。这大概就是榴莲的魅力所在。在泰国，购买榴莲时，水果店老板一般会赠送几个山竹，以中和榴莲的热性，补充能量不上火。现在大胆地将它们打成一杯奶昔吧！一饮而尽，你敢尝试吗？

做法

1. 山竹剥去外皮，去除果核。

2. 榴莲肉剥去果核。

3. 放入小碗，用勺子捣成泥。

4. 将榴莲肉铺在杯底，用勺子稍微压实。

5. 将山竹和牛奶放入榨汁机。

6. 搅打均匀，倒在榴莲肉上即可。

小贴士

挑选山竹的几点小经验：

- 看果皮：有光泽、呈深紫色。
- 看果蒂：绿色的果蒂更新鲜。
- 捏硬度：捏下去略具柔软感，可以弹回的，成熟度正好。
- 看萼片：山竹下面的萼片数量代表了内部果肉的瓣数。

山药枸杞奶

30 分钟  简单

材料

山药 200 克 / 枸杞子 10 克 / 牛奶 250 毫升 / 白砂糖 10 克

枸杞子养肝滋肾，可改善肝肾亏虚、头晕目眩、腰膝酸软；山药补脾养胃、补肾涩精、延年益寿。当你吃腻了煮山药、炒山药、山药泥……不妨用它做一杯奶昔，全新的口感带给你完全不同的感受。

做法

1. 枸杞子洗净，沥干水分，放入奶锅中，加水小火煮 10 分钟左右。

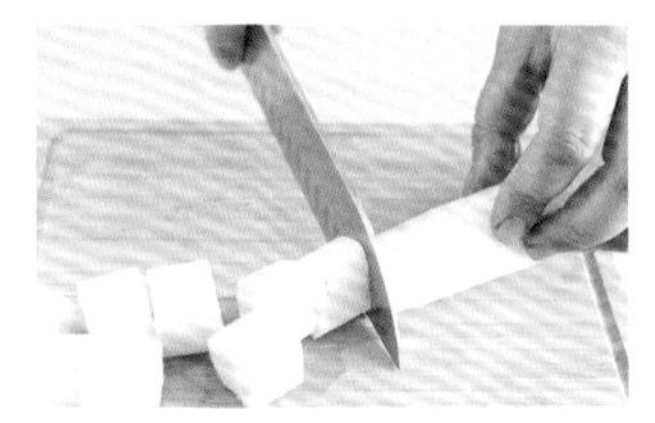

2. 山药洗净、削皮、切成小段。

3. 蒸锅加水烧开，山药段摆放在盘内，置于蒸锅，中火蒸 15 分钟。

4. 取出山药段，用压泥器压成山药泥。

5. 放入榨汁机，加入牛奶、白砂糖，搅打均匀。

6. 撒入煮好的枸杞子即可。

山药中含有刺激人体的皂角素和植物碱，人体接触后会发痒，削皮时请一定戴上一次性手套来操作。

香橙甜菜胡萝卜

10 分钟　简单

材料

脐橙 1 个（约 120 克）/
甜菜根 1 个（约 200 克）/
胡萝卜 1 根（约 100 克）/ 纯净水 100 毫升

美丽说

胡萝卜又称“小人参”，具有补肝明目、清热解毒、抗癌防衰等功效。但很多人，尤其是小孩子，对它的口感都不甚喜欢。如果将它与香甜的脐橙、红艳的甜菜根一起打成汁，那可就是另外一番景象啦！

做法

1. 脐橙洗净，切成 6 瓣。

2. 剥去橙子皮，取出果肉，如果有籽需要预先挑出。

3. 甜菜根洗净，对半切开。

4. 切掉甜菜根底部颜色较深的部位，然后将余下的甜菜根切成小块。

5. 胡萝卜洗净，切成薄片。

6. 将脐橙肉、甜菜根、胡萝卜和纯净水一并放入榨汁机，搅打均匀即可，可放胡萝卜花装饰。

小贴士

如果家中有漂亮的蔬菜切模，可以切一片漂亮的胡萝卜花放于顶端作为装饰。

马奶葡萄菠菜汁

10 分钟  简单

材料

马奶葡萄 200 克 / 菠菜 200 克 / 纯净水 100 毫升 / 面粉 1 汤匙

菠菜中的植物化学物质能促进人体新陈代谢，抗衰老，增强青春活力。马奶葡萄富含果糖，能补充能量，并且清甜无籽，口感清新，与菠菜碰撞出的果蔬汁和谐而美妙。

做法

1. 马奶葡萄加 1 汤匙面粉，再加入清水。

2. 轻轻搅动葡萄，然后沥去水分。

3. 用清水将葡萄冲洗两遍，沥干水分，将葡萄切成碎粒，也可将整粒葡萄放入榨汁机。

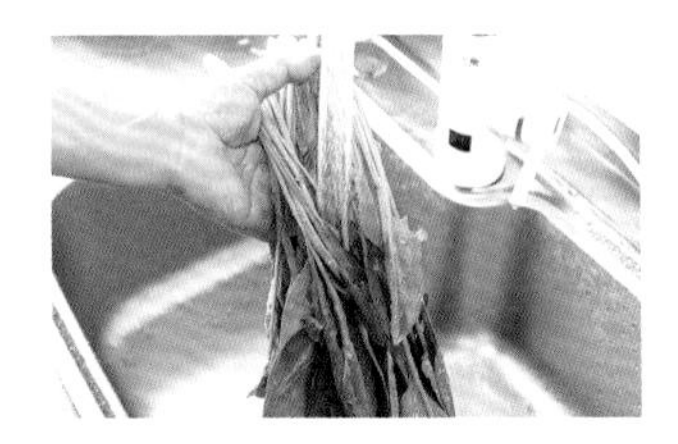

4. 菠菜择去老叶，冲洗干净（尤其是根部）。

5. 切成小段，放入榨汁机。

6. 加入纯净水，搅打均匀。倒入容器中，可放薄荷叶装饰。

葡萄外面会有一层白色雾状的覆盖物，加入面粉能有效去除葡萄的农药残留和污物，如果葡萄比较脏，可以用面粉水浸泡 5 ~ 10 分钟再进行清洗。

荔枝樱桃冰白茶

 10 分钟　简单

材料

荔枝 50 克 / 樱桃 50 克 / 散装白茶（推荐白毫银针）5 克 / 纯净水 600 毫升

美丽说

白茶近年来愈发走俏，一年茶，三年药，七年宝。性凉但又温和的白茶，解毒败火、提神醒脑、口感清新，采用冷泡的手法低温萃取，更能保留茶叶中的营养部分，味道也更加甘甜。搭配柔软甜美的荔枝、晶莹娇艳的樱桃，夏日里喝起来特别提振精神。

做法

1. 荔枝洗净、剥皮、去除果核。

2. 樱桃洗净，择去樱桃梗。

3. 用筷子顶出樱桃核。

4. 将樱桃和荔枝放入花茶壶外杯。

5. 将白茶放入花茶壶内胆，加入纯净水。

6. 静置 2 小时左右即可饮用。

小贴士

- 如果嫌樱桃去核麻烦，也可以将樱桃放入保鲜袋内，扎紧袋口，用擀面杖轻轻将樱桃敲至轻微破碎，方便樱桃汁在浸泡过程中可以析出。
- 夏天可提前一晚将饮品制作好放入冰箱，第二天即可饮用。隔夜茶有毒仅限于半发酵的乌龙茶系，白茶则可以放心饮用。

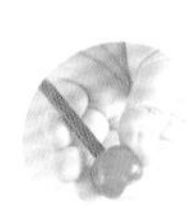

香桃杏李

 25 分钟　 简单

材料

油桃 1 个（约 80 克）/ 黄杏 2 个（约 80 克）/ 李子 3 个（约 100 克）/ 红茶茶包 3 个 / 蜂蜜 15 克 / 纯净水 1 升

美丽说

桃子、杏子和李子，都属于蔷薇科，但果实的功效和味道却大不同。夏秋之季，硕果满枝，何不风雅一回，用果实泡一壶香茶？那清新的茶果香能令你立刻神清气爽，忘却许多烦恼！

做法

1. 将油桃、黄杏和李子冲洗干净，沥干水分。

2. 对半切开后，去除果核。

3. 切成小块，放入大凉杯。

4. 将纯净水烧开，注入凉杯。

5. 2 分钟后，待水温稍冷却，再加入红茶包。

6. 10 分钟后取出红茶包丢弃，手触凉水杯外围，不特别烫手后加入蜂蜜搅打均匀即可。

小贴士

- 如果有时间，也可以不用热水制作这道饮品，而是使用茶叶冷泡法：用常温的纯净水直接冲泡茶包，加入蜂蜜搅打均匀，置于冰箱过夜，即可得到香桃杏李的冰茶版。
- 凉杯选购时要看清楚标识，有些凉杯是不能盛装 80℃以上热水的，请务必购买可以承受高温的凉杯。

美丽说

这是一款特别适合上班族的饮品，杏仁和核桃中都含有丰富的蛋白质，而菠菜中的镁元素不仅能够补脑健脑，还能缓解一天的工作疲劳呢。

菠菜杏仁核桃汁

10 分钟  简单

材料

菠菜 80 克 / 干核桃 150 克 / 杏仁 50 克 / 椰子水 300 毫升

做法

1. 干核桃剥出核桃仁，和杏仁一起放入微波炉中，高火加热 2 分钟。
2. 菠菜去根、洗净，切段，焯 30 秒后捞出沥干。
3. 留几粒杏仁作装饰，把熟菠菜、杏仁和核桃仁放入榨汁机。
4. 加椰子水，搅打均匀，装杯后撒杏仁装饰即可。

小贴士：没有天然椰子水，可以用纯净水代替，加点蜂蜜，增添些甜度。

美丽说

这款蔓越莓汁含有丰富的维生素 C 和类黄酮素等抗氧化物质，可以有效延缓衰老，减少皱纹产生，长期饮用还能清除体内毒素，美容养颜。

蔓越莓汁

15 分钟　简单

材料

蔓越莓干 10 克 / 树莓 30 克 / 蓝莓 125 克 / 蜂蜜 1 汤匙 / 纯净水 100 毫升

做法

1. 将蔓越莓干洗净，放入温水中浸泡 2 分钟。
2. 树莓和蓝莓分别用盐水浸泡 10 分钟。
3. 10 分钟后，捞出树莓和蓝莓，用流水冲净。
4. 将蔓越莓干、树莓和蓝莓一起放入榨汁机中，加入蜂蜜和纯净水。
5. 搅打均匀后装杯即可。

小贴士：蔓越莓干用温水浸泡变软，味道会更浓郁。树莓和蓝莓也可以用淘米水浸泡，去除表面的农药残留，更干净。

葡萄甜瓜汁

10 分钟  简单

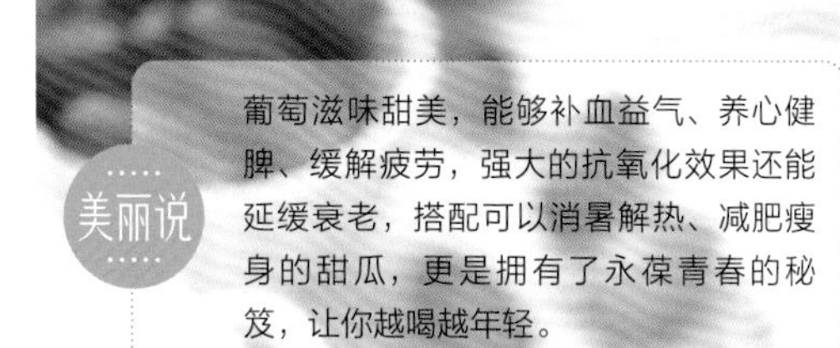
美丽说

葡萄滋味甜美，能够补血益气、养心健脾、缓解疲劳，强大的抗氧化效果还能延缓衰老，搭配可以消暑解热、减肥瘦身的甜瓜，更是拥有了永葆青春的秘笈，让你越喝越年轻。

材料

葡萄 200 克 / 甜瓜 1 个（约 150 克）/
纯净水 100 毫升

做法

1. 将葡萄剪去梗，用淡盐水浸泡后洗净，切开、去籽。
2. 将甜瓜去皮、去蒂，横切，挖出籽后切成小块。
3. 将葡萄和甜瓜一起放入榨汁机中，加入纯净水。
4. 搅打均匀，装杯即可。

甜瓜也可以不用去皮，只需延长一下榨汁机的工作时长就好，口感依旧会清爽细腻。

葡萄核桃汁

10 分钟  简单

美丽说

葡萄榨汁可以延缓衰老，淡化皱纹；而核桃能够补脑，改善记忆，对身体极为有益。每天晚上来杯葡萄核桃汁，可有效促进血液循环，让你第二天醒来拥有意想不到的好气色哟。

材料

葡萄 200 克 / 核桃 50 克 / 淀粉 5 克 / 盐 5 克

做法

1. 先把葡萄剪去梗，放入装有清水的大碗中。
2. 大碗中加入淀粉和盐，将葡萄浸泡 3 分钟后轻轻搓洗，捞出，沥干备用。
3. 核桃去壳，剥出核桃仁，放入微波炉中，高火加热 2 分钟，轻捻去皮。
4. 将葡萄留 1 颗切碎备用，其余的榨汁。
5. 将葡萄汁和核桃一起搅打均匀，装杯后点缀葡萄碎。

- 葡萄无须去除皮和籽，清洗时加入淀粉和盐便会洗得很干净，直接榨汁即可。
- 核桃仁如果不去皮，口感会略显粗涩，如果不介意，可以不用去皮。

美丽说

这道牛奶火龙果汁富含抗氧化的花青素，可有效清除体内自由基，延缓肌肤衰老，加上牛奶中的优质蛋白质，让你在美容养颜的同时还能强身健体。

牛奶火龙果汁

5 分钟  简单

材料

红心火龙果 1/2 个（约 100 克）/
纯牛奶 1 盒（200 毫升）

做法

1. 将红心火龙果洗净，去皮，切成小块。
2. 将火龙果块、牛奶放入榨汁机中。
3. 搅打均匀后倒入杯中，可放薄荷叶装饰。

小贴士

火龙果表皮颜色越红、重量越重就越成熟，胖而短的要比瘦而细的更鲜嫩饱满多汁，制作的果汁味道更浓郁。

美丽说

雪梨是润肺止咳的好食材，有清热去火、养血生肌的功效，而红酒则能安神养颜，两者搭配在一起榨汁，既能清热解乏，又能延缓衰老、改善肤色。

红酒雪梨汁

5 分钟  简单

材料

红葡萄酒 1 杯（约 150 毫升）/
雪梨 2 个（约 350 克）/ 蜂蜜 1 汤匙

做法

1. 将雪梨洗净，去皮、去核，切成小块。
2. 将红葡萄酒和雪梨块放入榨汁机中，搅打均匀。
3. 加入蜂蜜，搅拌均匀。
4. 倒入杯中即可饮用。

小贴士

- 雪梨尽量选择外形近似等腰三角形的雌梨，其肉质鲜嫩，水分也多。
- 不宜选择太高档的葡萄酒，如果选择干红，建议先加纯净水稀释，口感会更好。

柠檬薄荷茶

5 分钟  简单

材料

新鲜薄荷叶 5 克 / 柠檬 1 个 / 气泡水 1 杯（约 250 毫升）/ 冰块 10 克 / 蜂蜜 1 汤匙

做法

1. 新鲜薄荷叶用流水冲净，备用。
2. 柠檬洗净，横切两半，切取 1 薄片，剩下取小半去核，切成柠檬块。
3. 留 1 片薄荷叶备用，将其余薄荷叶和柠檬块一起放入榨汁机中，倒入气泡水。
4. 搅打均匀，倒入杯中，加入蜂蜜，搅匀。
5. 投入冰块，加柠檬片和薄荷叶装饰即可。

美丽说

这道柠檬薄荷茶绝对是清火降燥的首选。薄荷本身就能够疏风散热，而柠檬则是补气提神的佳品，下午来一杯，提神去火很给力。

小贴士

如果觉得薄荷叶和柠檬不够干净，可以先用淡盐水浸泡，再用流水冲洗。

桃子百香果茶

10 分钟  简单

材料

桃子 2 个（约 200 克）/ 百香果 1 个（约 30 克）/ 蜂蜜 1 汤匙 / 柠檬 3 薄片 / 纯净水 100 毫升

做法

1. 桃子洗净，去皮、去核，切小块。
2. 将桃子块放入榨汁机中，倒入纯净水。
3. 搅打均匀，倒入杯中备用。
4. 百香果洗净，对半切开后挖出果肉，放入榨好的桃汁中。
5. 加蜂蜜，搅拌均匀后放入柠檬片，即可饮用。

小贴士

如果想喝热饮，可以把桃子煮水，煮开后再放入百香果肉和蜂蜜，搅匀就可以啦。

美丽说

这道色香味俱全的果茶含有丰富的维生素 C，不但可以开胃消食、促进消化，还可以美白养颜、红润肌肤。另外，疲惫没精神时，还能够提神醒脑。

薄荷香橙茶

15 分钟　简单

材料

薄荷叶 10 克 / 香橙 300 克 / 绿茶包 1 包 / 蜂蜜少许 / 青金橘 50 克 / 纯净水 700 毫升

做法

1. 香橙洗净，切成薄片，放入冷饮壶中。
2. 青金橘洗净，切片，先挤汁到冷饮壶中，再把果肉放进去。
3. 煮锅内加入纯净水，大火烧开后关火。
4. 将绿茶包放入开水中，提着茶包的线，上下浸泡 10 次左右，取出茶包。
5. 将绿茶水倒入冷饮壶中，盖上盖，闷 5~10 分钟。
6. 把茶水放凉到不烫手，加入少许蜂蜜，搅拌均匀。
7. 将新鲜的薄荷叶揉搓一下，放入冷饮壶中即可。

胡萝卜苹果橘子汁

5 分钟　简单

材料

胡萝卜 150 克 / 苹果 200 克 / 橘子 200 克 / 蜂蜜少许 / 纯净水 80 毫升

做法

1. 胡萝卜洗净，切成小块待用；苹果洗净，去核，切成小块待用。
2. 橘子去皮，剥瓣、去籽待用。
3. 将胡萝卜、苹果、橘子一起放入榨汁机中。
4. 加入少许蜂蜜和纯净水，搅打均匀即可。

小贴士　如果时间充足，可以将胡萝卜焯水后再切块榨汁，这样的口感和营养更好。

07 养肾固发

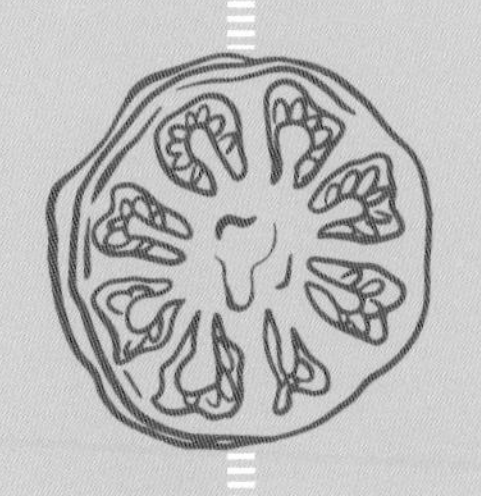

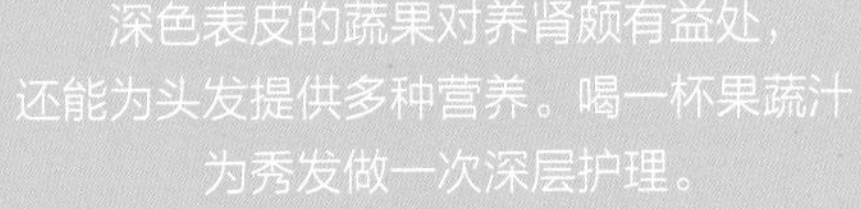

深色表皮的蔬果对养肾颇有益处，
还能为头发提供多种营养。喝一杯果蔬汁，
为秀发做一次深层护理。

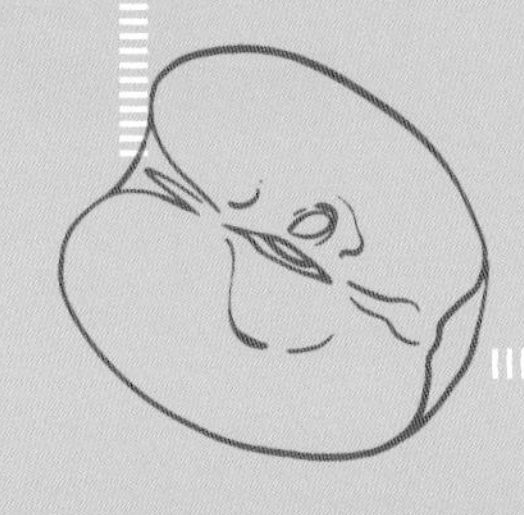

山药红枣栗子糊

20分钟　简单

材料

山药200克 / 干红枣6颗 / 糖炒栗子6颗 / 纯净水500毫升

美丽说

山药补肾涩精、健脾补虚；栗子绵密香甜，被称为干果之王，中医认为它有着补肾健脾、强身壮骨的功效。搭配富含铁质、生血润肌的红枣，有着非常好的滋补效果。

做法

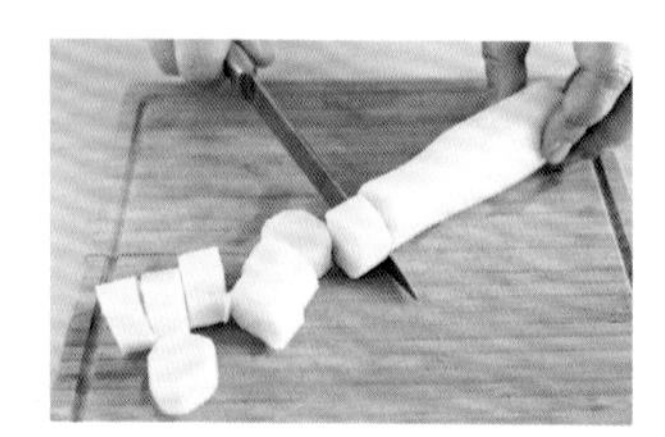

1. 山药洗净、削皮、切成小段。

2. 干红枣洗净，沥干水分。

3. 将红枣核剔除，然后切成小丁，留少许作装饰。

4. 糖炒栗子剥壳，取出栗仁。

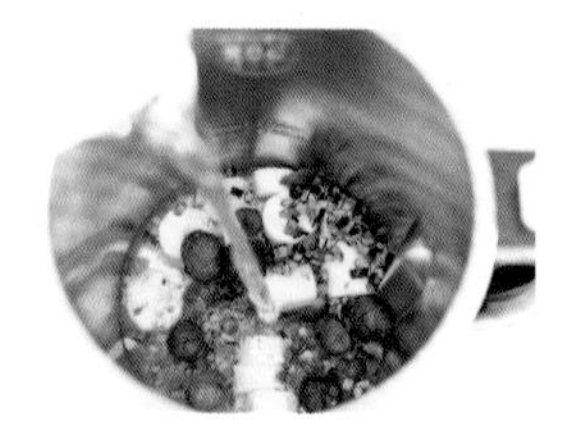

5. 将山药段、红枣丁、栗子仁放入米糊机，加入纯净水。

6. 选择“五谷豆浆”程序打匀，装杯后点缀红枣丁即可。

小贴士

- 如果没有糖炒栗子，可以选择市售真空包装的甘栗仁。
- 也可以将纯净水替换为牛奶，煮好后加一些白砂糖来调味。

山药核桃枸杞奶糊

20 分钟　简单

材料

山药 200 克 / 核桃仁 6 颗 / 枸杞子 10 克 / 牛奶 500 毫升

美丽说

枸杞子中富含的枸杞多糖，能够养肝肺、滋肾阳；核桃能润肌肤、乌须发、润肺强肾。搭配特别养肾的山药一起打糊，还未品尝就已经征服了视觉和嗅觉！

做法

1. 枸杞子洗净，用清水浸泡 10 分钟。

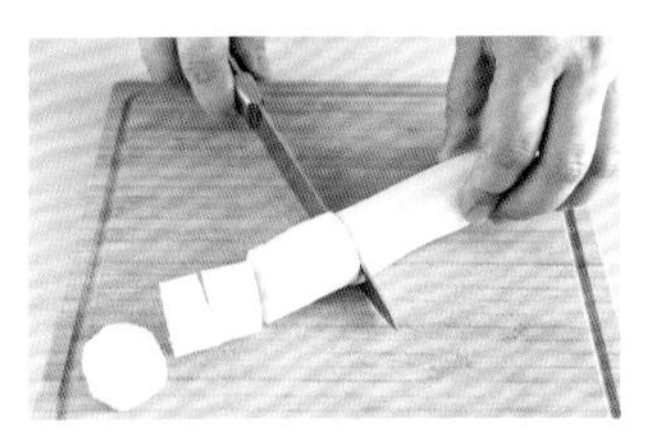

2. 山药洗净、削皮、切成小段。

3. 核桃仁掰开，去除中间的分心木。

4. 然后将核桃尽量掰碎。

5. 捞出枸杞子，沥干水分。

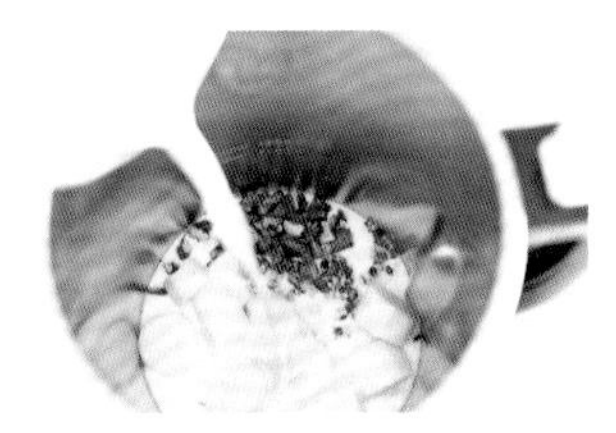

6. 与山药段、核桃碎一起放入米糊机，加入牛奶；选择“五谷豆浆”程序搅匀即可。

小贴士

- 可以提前一晚将枸杞子用清水浸泡，放入冰箱，这样水分吸收得更饱满。
- 可以依据个人口味加入一些白砂糖或者蜂蜜来调味。

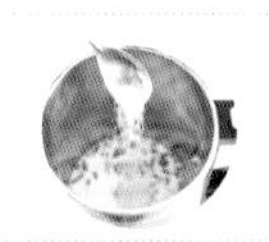

三黑糊

 30 分钟  简单

材料

黑豆 20 克 / 黑米 20 克 / 黑芝麻 20 克 / 纯净水 500 毫升

美丽说

中医养生理论中，根据五行学说，将自然界的食材分为五色，分别对应人体的五大脏器，其中黑色就对应肾脏。集三种黑色于一杯之中的三黑糊，不仅对养肾固发有奇效，味道也非常香浓。

做法

1. 黑豆与黑米提前一晚用清水淘洗干净，加水浸泡。

2. 炒锅洗净，保持无水无油的状态，大火预热。

3. 加入黑芝麻后转小火，不停翻炒。

4. 当听到有密集的芝麻爆裂声、闻到芝麻香味的时候，关火，留少许作装饰。

5. 将浸泡好的黑豆和黑米沥去水分，与炒好的黑芝麻一起放入米糊机。

6. 加入纯净水，选择“五谷豆浆”模式打匀后装杯，点缀黑芝麻即可。

小贴士

- 只有炒熟的黑芝麻才能带出浓郁的芝麻香气，但是炒起来比较麻烦，可以一次性多炒一些，然后放入密封盒保存。也可以直接购买市售的熟黑芝麻来使用。
- 黑色入肾，所以一定要用黑芝麻来制作，不能以白芝麻代替。不仅香味不一样，效果也大打折扣。

桑葚葡萄黑加仑

10 分钟  简单

材料

桑葚 100 克 / 葡萄 100 克 / 黑加仑 100 克 / 纯净水 200 毫升 / 面粉 1 汤匙

紫黑色的桑葚酸甜可口，中医认为它可入肝肾两经，科学研究也证明，桑葚中的乌发素能使头发变得更加黑顺亮泽。表皮深色的葡萄含有丰富的黄酮类物质，能够抗衰老。加上同为黑紫色可入肾经的黑加仑，一杯果汁就能轻松养肾！

做法

1. 桑葚用清水浸泡 10 分钟后，冲洗干净，沥干水分。

2. 葡萄加 1 汤匙面粉，再加入清水，轻轻搅动葡萄，然后沥去水分。

3. 用清水将葡萄冲洗两遍，将葡萄一颗颗摘下来，对半掰开，去除葡萄籽。

4. 黑加仑洗净，沥干水分，将果子摘下。

5. 将桑葚、葡萄、黑加仑一起放入榨汁机，加入纯净水。

6. 搅打均匀即可。

- 由于需要给葡萄去籽，所以在选购葡萄时，尽量选择个头比较大，或者子粒比较少的品种。
- 如果嫌去籽麻烦，也可以一并将籽打碎，葡萄籽可以吃掉，并具有良好的抗氧化作用，只是口感不好而已。

黑枣核桃奶

20 分钟　简单

材料

干黑枣 10 颗 / 核桃仁 30 克 / 牛奶 500 毫升

美丽说

外皮乌黑、个头硕大的黑枣，含有丰富的维生素、矿物质、膳食纤维与果胶，具有补气养血、润泽肌肤、乌须黑发等作用。搭配香喷喷的核桃牛奶，香中带甜，格外好喝。

做法

1. 黑枣洗净，沥干水分。

2. 将黑枣对半剖开，去除枣核。

3. 核桃仁掰开，去除中间的分心木。

4. 将核桃仁掰碎。

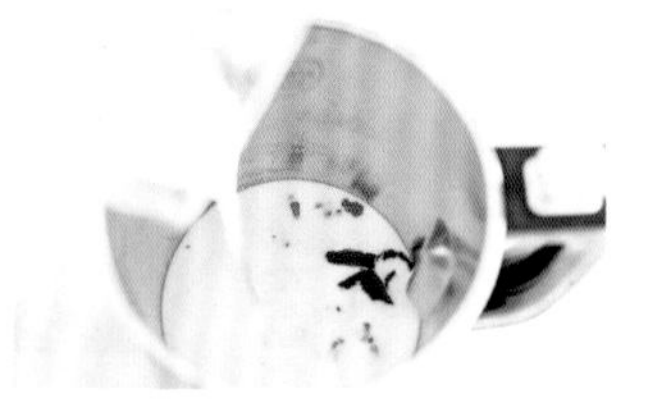

5. 将去核黑枣、核桃仁放入米糊机，倒入牛奶。

6. 选择“五谷豆浆”程序搅匀即可。

小贴士

黑枣以陕西产的为最佳，个头大而饱满，素有“狗头枣”之称，甜度很高，营养丰富。

香芒木瓜猕猴桃

10 分钟　简单

材料

大芒果半个（约 200 克）/ 木瓜半个（约 300 克）/ 黄心猕猴桃 1 个（约 60 克）/ 纯净水 100 毫升

芒果能够改善头发干枯、皮肤粗糙；木瓜中所含的酵素能为头发提供深层的滋养；猕猴桃中的 ALA 酸能改善发质，减少干枯和毛躁。一杯奇香异甜的果汁，不知不觉中就为秀发做了一次从内而外的深层护理。

做法

1. 大芒果切开，取果肉，切成小块，留少许备用。

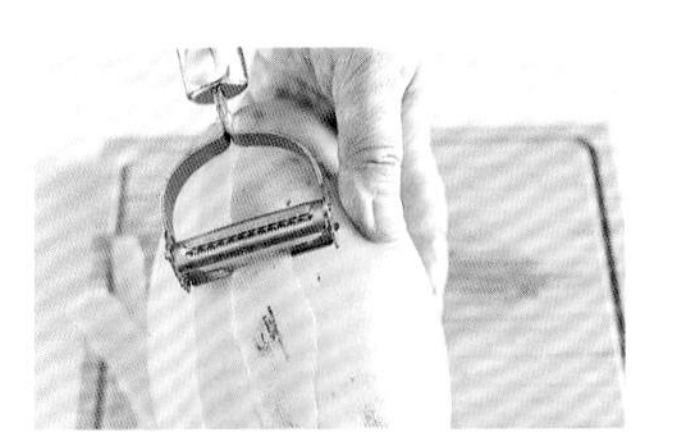

2. 木瓜洗净，用刮刀去皮。

3. 用勺子去除木瓜籽。

4. 将木瓜切成小块。

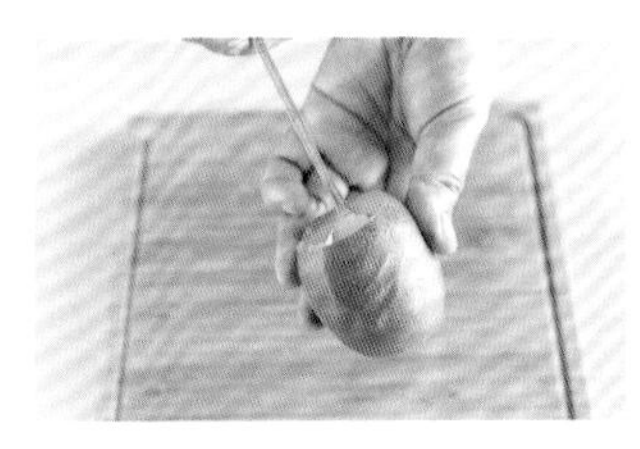

5. 黄心猕猴桃去皮，将果肉取出。

6. 将芒果、木瓜、猕猴桃和纯净水放入榨汁机搅匀，装杯后撒入备用的芒果块。

制作果汁的木瓜一定要选择熟透、果肉颜色发红的，这样的木瓜甜度高、水分含量高，做出的果汁口感更好。青木瓜适合制作沙拉，而不适合榨汁。

白果荔枝木瓜汁

 15 分钟 简单

材料

熟白果仁 50 克 / 荔枝 100 克 /
木瓜半个（约 300 克）/ 纯净水 100 毫升

美丽说

白果中的黄酮类物质能够清除自由基，润泽肌肤；荔枝含叶酸、精氨酸、色氨酸等多种营养素，可以促进微血管血液循环，滋养发根。搭配富含胡萝卜素和维生素 C 的木瓜，清香中带着果甜，头皮滋润，头发自然健康！

做法

1. 熟白果仁洗净，沥干水分，切成碎粒。

2. 荔枝洗净，剥壳、去核，切成碎粒。

3. 木瓜洗净，去皮去籽。

4. 将木瓜切成小块。

5. 将木瓜和纯净水放入榨汁机，搅打均匀。

6. 加入切碎的荔枝粒，用搅拌棒搅打均匀，在顶端撒上白果粒即可。

小贴士

如果购买的是新鲜生白果，需要先用水煮熟再使用。

奇异丑桃

10 分钟  简单

材料

黄心猕猴桃 1 个（约 60 克）/
丑橘 1 个（约 160 克）/
杨桃 1 个（约 100 克）/
纯净水 150 毫升

如果说猕猴桃、丑橘和杨桃有什么共同之处，大概就是——它们都具有辨识度极高的清新味道。同时，它们富含多种维生素和果酸，能够滋养头皮，让秀发更具弹性。

做法

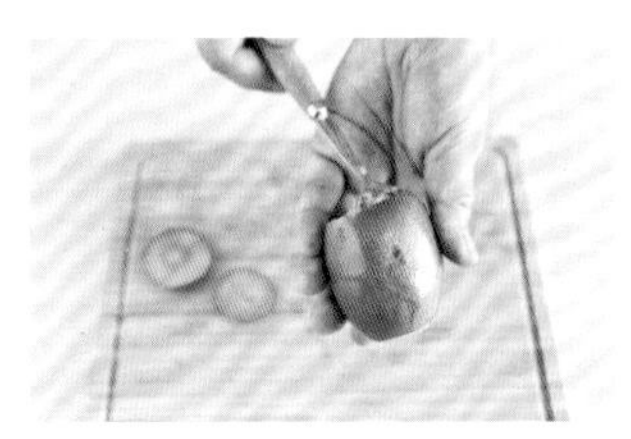

1. 猕猴桃去皮，取出果肉。

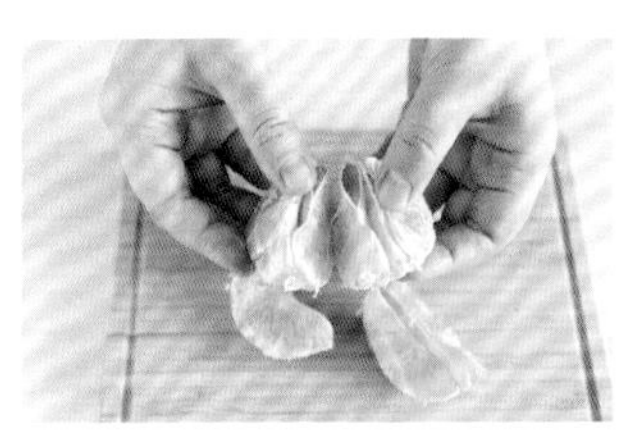

2. 丑橘剥去果皮，仔细检查果肉中是否有籽，如果有要剔除。

3. 杨桃洗净，擦干水分。

4. 将杨桃切成薄片，留 1 片作装饰。

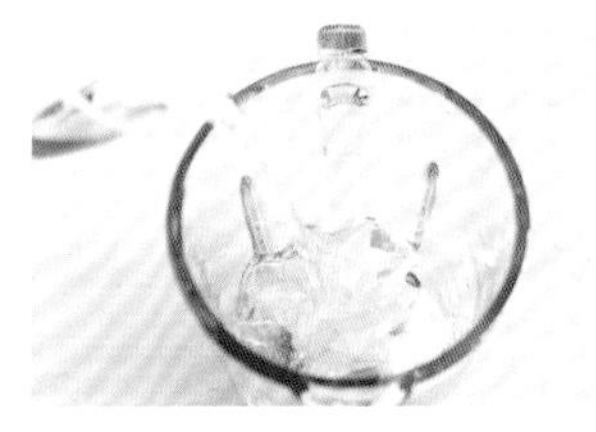

5. 将猕猴桃、丑橘、杨桃放入榨汁机，加入纯净水。

6. 搅打均匀，装杯后放杨桃片，可用薄荷叶装饰。

好的杨桃应该符合以下几个条件：棱片肥厚而均匀；颜色绿中带黄；棱边呈青绿色；通体富光泽且有透明感。

美丽说

黄豆中的大豆异黄酮和磷脂，有很好的美白肌肤、滋养头皮的功效。加入有补肾乌发作用的黑芝麻及核桃，让豆浆的营养成分放大许多。

小贴士

如果使用的是可以打干豆的豆浆机或米糊机，则黄豆只需淘洗干净即可。

芝麻核桃枸杞豆浆

20 分钟　简单

材料

黑芝麻 10 克 / 核桃仁 30 克 / 黄豆 20 克 / 枸杞子 10 克 / 纯净水 600 毫升

做法

1. 黄豆淘洗干净，提前一晚用清水浸泡。
2. 枸杞子洗净，用清水浸泡 10 分钟左右。
3. 黑芝麻按照第 132 页“三黑糊”的步骤 2 ~ 步骤 4 炒熟。
4. 核桃仁掰开，去除中间的分心木，尽量掰碎。
5. 留少许黑芝麻和核桃仁作装饰。将黄豆、枸杞子、黑芝麻和核桃仁一起放入米糊机，加入纯净水，选择“五谷豆浆”程序搅匀，装杯后放上装饰。

美丽说

印第安人和墨西哥人食用仙人掌的果实已经有几千年的历史。它营养丰富，可行气活血，能刺激皮肤新陈代谢，润泽头皮。

蜂蜜杨桃仙人果汁

10 分钟　 简单

材料

仙人掌果 3 个（约 200 克）/ 杨桃 1 个（约 100 克）/ 蜂蜜 10 克 / 纯净水 200 毫升

做法

1. 仙人掌果洗净，擦干水分，将较平的一端切去 1 厘米左右。
2. 找到八角刺，确保八角刺已经切除。
3. 在果皮上纵向轻轻割一刀，然后沿刀痕剥开果皮，即可取出果肉。
4. 杨桃洗净，擦干水分，切成薄片。
5. 将仙人果肉、杨桃片放入榨汁机，淋上蜂蜜。
6. 加入纯净水，搅打均匀即可。

小贴士

仙人掌果中的籽可以食用。如不喜欢籽的口感，可将果肉先挤到水中，再用滤网滤掉籽，仅使用果汁溶液即可。

08 养肝明目

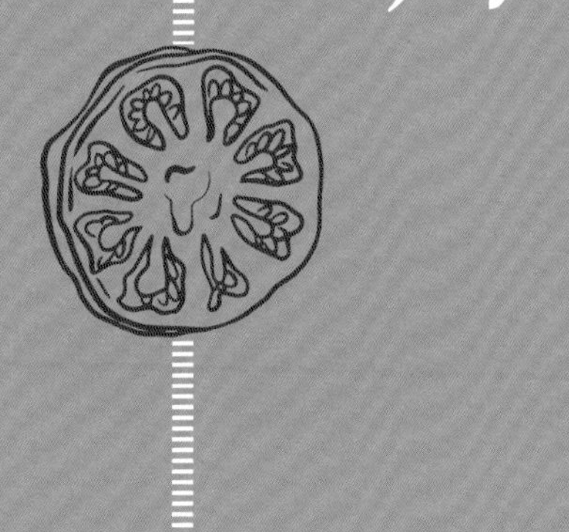

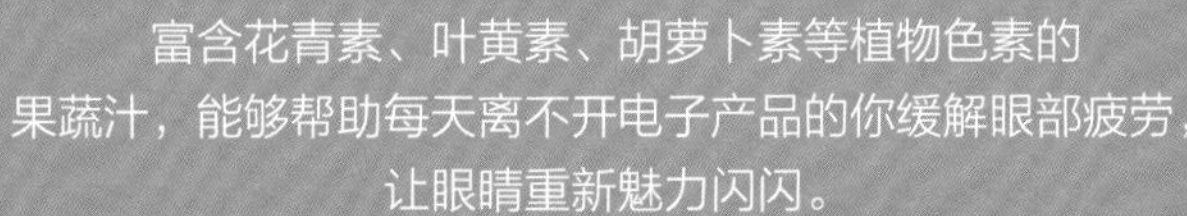

富含花青素、叶黄素、胡萝卜素等植物色素的
果蔬汁，能够帮助每天离不开电子产品的你缓解眼部疲劳，
让眼睛重新魅力闪闪。

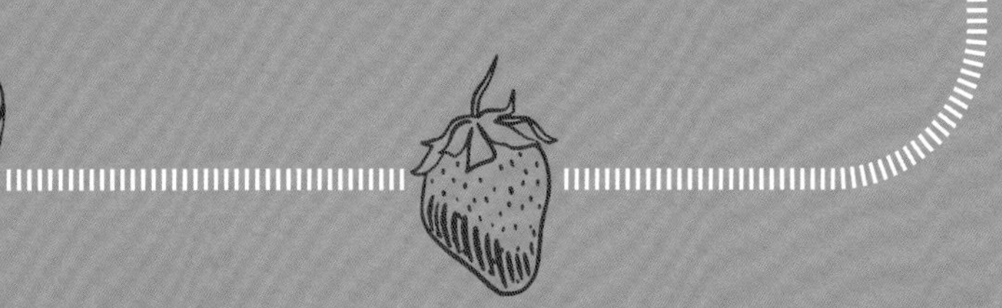

番茄菠菜胡萝卜

10 分钟　简单

材料

番茄 1 个（约 200 克）/ 菠菜 100 克 / 胡萝卜 1 根（约 100 克）/ 纯净水 150 毫升

也许这是一杯不如纯果汁可口的饮品，但是它融合了 β - 胡萝卜素、叶黄素和玉米黄质，能够保护眼睛视网膜和晶状体不受自由基侵害，从而有效降低各类眼部疾病的发生。

做法

1. 番茄洗净，切成 4 瓣。

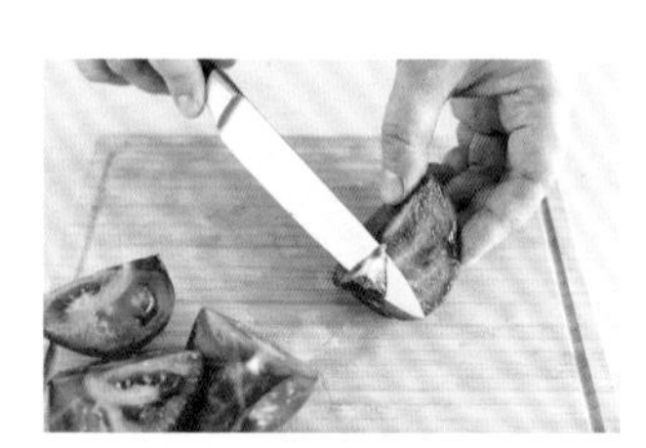

2. 切掉番茄蒂以及顶部的硬心。

3. 菠菜洗净，沥干水分，择去老叶。

4. 保留菠菜根，将菠菜切成小段。

5. 胡萝卜洗净，切去顶部，然后切成小块。

6. 将番茄、菠菜和胡萝卜一起放入榨汁机，加入纯净水，搅打均匀，装杯后可用薄荷叶装饰。

也可以用圣女果来制作这道饮品，味道更加浓郁哦！

胡萝卜柠檬汁

5 分钟  简单

材料

胡萝卜 3 根（约 300 克）/ 柠檬 20 克 /
纯净水 150 毫升

现代人天天面对电脑和手机，对眼睛的伤害不容忽视。这道果蔬汁可以有效缓解视疲劳，保护眼睛，对治疗干眼症也有着很好的效果。若长期坚持饮用，还可以滋养肌肤，减少粗糙。

做法

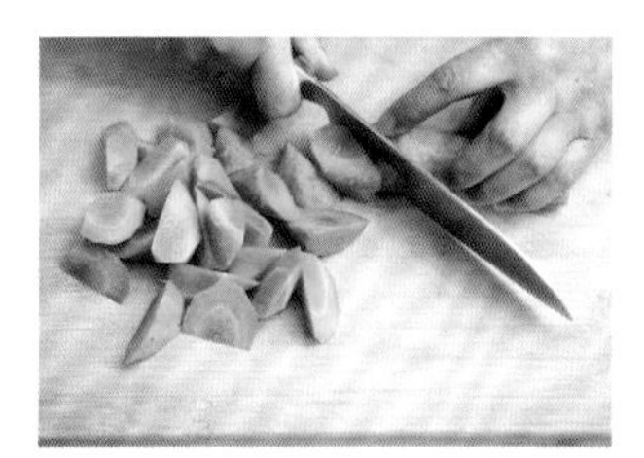

1. 胡萝卜洗净，去皮，切小块。

2. 柠檬洗净，横切出 2 片，1 厚片去籽，1 薄片备用。

3. 将胡萝卜块和去籽的柠檬放入榨汁机中，加入纯净水。

4. 搅打后倒入杯中，用勺子搅拌均匀。

5. 将柠檬片放入杯中或插在杯口装饰。

可选取带泥的胡萝卜，这样更新鲜，汁水也更丰富。胡萝卜的膳食纤维较多，用榨汁机榨汁口感会更好。

蓝莓胡萝卜汁

5分钟 简单

材料

蓝莓 125 克 / 胡萝卜 1 根 / 蜂蜜 1 茶匙 / 纯净水 100 毫升

美丽说

现代人离不开电子产品，十有八九都用眼过度。这道蓝莓胡萝卜汁含有丰富的维生素 A，有利于缓解眼睛疲劳，保护视力；还能健脾助消化，调节免疫力。

做法

1. 蓝莓洗净，留几颗作装饰。

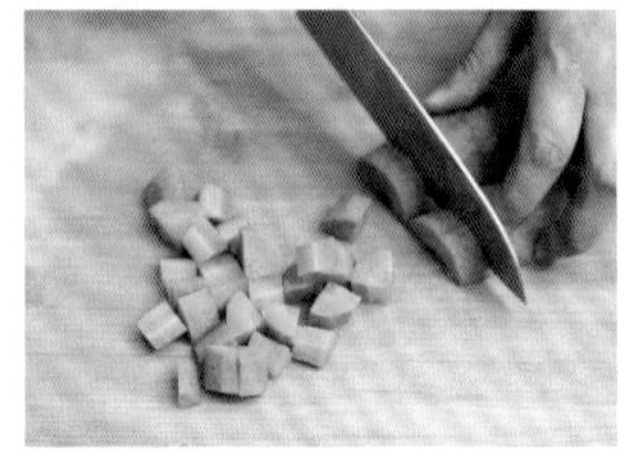

2. 胡萝卜洗净，去皮，切成小块。

3. 将蓝莓和胡萝卜块一起放入榨汁机中，加入蜂蜜和纯净水。

4. 搅打均匀后倒入杯中，放蓝莓装饰即可。

小贴士

新鲜蓝莓表面有层白霜，清洗时可以先在淡盐水或者淘米水中浸泡 10 分钟，用手轻轻搅动几下，再用流水冲洗干净即可。

蓝莓枸杞菊花饮

5 分钟　 简单

材料

蓝莓 125 克 / 枸杞子 10 克 / 胎菊 6 朵 / 冰糖 10 克 / 纯净水 1 升

美丽说

蓝莓中的花色苷对眼睛有良好的保健作用，能够减轻视疲劳。枸杞子和菊花也是公认的明目护眼佳品。将蓝莓和枸杞子、菊花一起泡茶，既有茶香，又增果鲜。

做法

1. 枸杞子淘洗干净，用清水浸泡 10 分钟。

2. 蓝莓洗净，沥干水分。

3. 放入小碗，用勺子略微压裂。

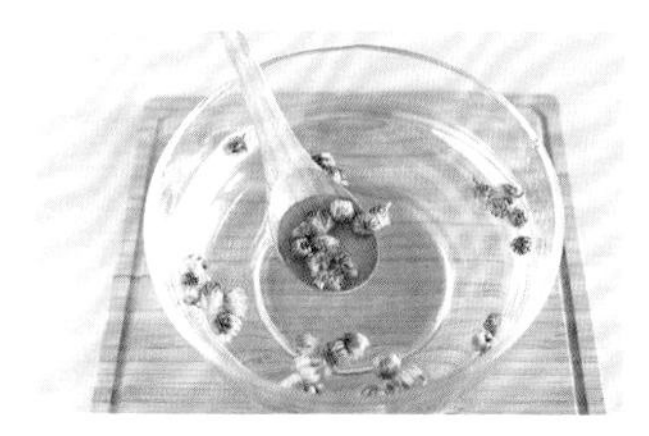

4. 胎菊冲洗干净。

5. 在大凉杯中加入泡好的枸杞子、胎菊、蓝莓，加入冰糖。

6. 将纯净水烧开后注入即可。

小贴士

这款饮品冷饮热饮皆宜，想做冰饮，可以提前一晚做好，放至室温后入冰箱冷藏即可。

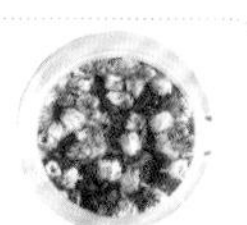

金橘火龙圣女果

5 分钟 简单

材料

青金橘 3 颗（约 50 克）/
红心火龙果 1 个（约 300 克）/
圣女果 6 颗（约 100 克）/ 纯净水 200 毫升

美丽说

圣女果到底是属于蔬菜还是水果？这一直是个无法界定的概念。所以圣女果有了“蔬中之果”的称谓，它所含的维生素 A、维生素 C、番茄红素，可预防白内障，抑制视网膜黄斑变性，保护视力。

做法

1. 火龙果对半切开，用勺子挖出果肉，切少许小块留作装饰。

2. 圣女果洗净，沥干水分，择去蒂。

3. 青金橘洗净，对半切开。

4. 挤出青金橘的果汁。

5. 将火龙果和圣女果放入榨汁机，加入过滤好的青金橘汁。

6. 加入纯净水，搅打均匀，装杯后点缀火龙果块即可。

小贴士

选购金橘时，最好挑选皮薄、汁多、无籽、涩味少的品种，制作出的果汁口感更好。如果购买的金橘内有大颗的籽，需要先对半切开后将籽剔除。

金橘乌梅饮

 5 分钟  简单

材料

青金橘 3 颗（约 50 克）/
乌梅 6 颗（约 50 克）/
冰糖 10 克 / 纯净水 600 毫升

美丽说

夏日里的乌梅汤，生津解渴，人人爱喝，与其买现成的饮料，不如去药店称一些乌梅，在家自制。加入几颗小金橘，不仅仅是为了更好喝，柑橘类水果中所富含的维生素 C 也能起到很好的保护眼睛的作用。

做法

1. 青金橘洗净，擦干水分。

2. 对半切开后，再切成薄片。

3. 乌梅淘洗干净，沥去水分。

4. 将乌梅、金橘片放入花茶壶，加入冰糖。

5. 纯净水烧开，注入花茶壶内。

6. 将冰糖搅拌至化开后，放凉即可饮用。

小贴士

- 新鲜的乌梅不宜直接泡水，请购买药店已经预处理过的乌梅干。
- 儿童及生理期、分娩期的女性应避免饮用乌梅饮品。

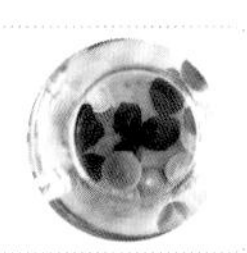

香蕉玉米芒果汁

20 分钟　简单

材料

香蕉 1 根（约 80 克）/
鲜玉米 1 根（约 100 克）/
大芒果半个（约 200 克）/ 纯净水 200 毫升

美丽说

香蕉与芒果均富含钾、维生素 A、维生素 C，这三种元素对眼睛都非常有益，玉米的加入，不仅使果汁口感变得更有层次，玉米中的叶黄素和玉米黄质，还能缓解视疲劳，延缓眼睛老化及防止黄斑变性，帮助眼睛对抗光线刺激。

做法

1. 玉米剥去外皮，清除玉米须，冲洗干净。

2. 放入小锅中，加浸没过玉米的清水，大火烧开后转小火，煮 10 分钟。

3. 晾凉后将玉米切开，剥下玉米粒，留几粒作装饰，其余放入榨汁机。

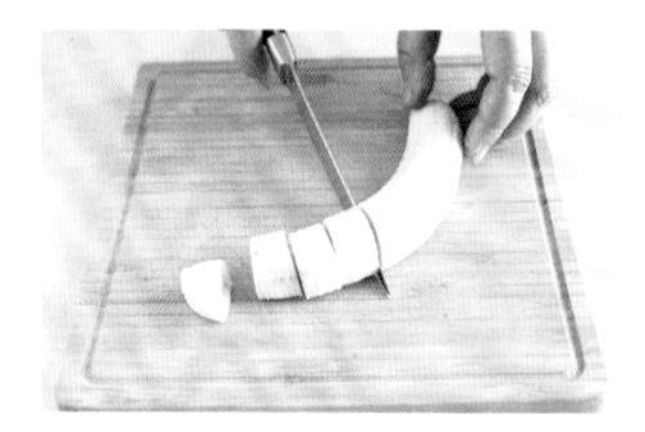

4. 香蕉剥去外皮，切几片留作装饰，其余切成小段，放入榨汁机。

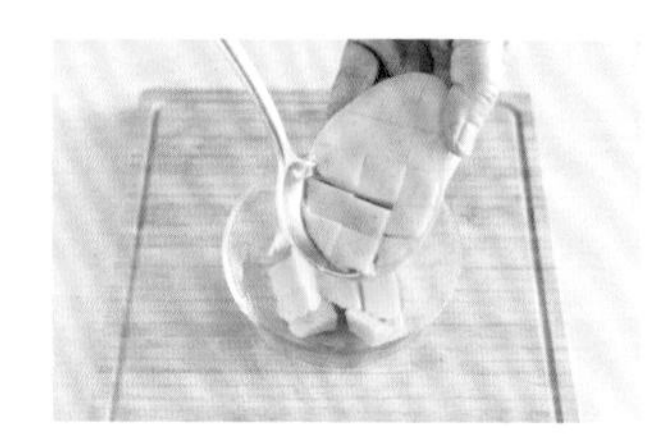

5. 大芒果取一半果肉，放入榨汁机，加入纯净水，搅打均匀。

6. 将搅拌好的香蕉玉米芒果汁倒入杯子内，放上装饰即可。

小贴士

春夏是新鲜玉米上市的季节，请尽量购买新鲜玉米来制作。如果购买不到，可用冷冻的玉米粒来制作，尽量不要选择罐头玉米粒。

香蕉火龙蓝莓奶

5 分钟　简单

材料

香蕉 1 根（约 80 克）/
火龙果 1 个（约 300 克）/
蓝莓 125 克 / 养乐多 1 瓶 / 牛奶 100 毫升

美丽说

蓝莓蕴含的紫色成分，是超过 15 种的花青素，这种物质能驱除眼部疲劳，促进视网膜细胞中的视紫质再生，预防近视，增进视力，让眼睛魅力闪闪。

做法

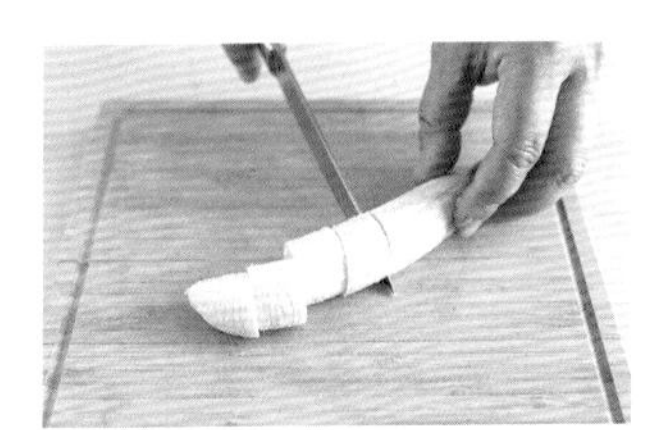

1. 香蕉剥皮，切成小段。

2. 火龙果对半切开，用勺子挖出果肉。

3. 蓝莓淘洗干净，沥干水分，留几颗作为装饰。

4. 将蓝莓、香蕉、火龙果、养乐多和牛奶一起放入榨汁机，搅打均匀。

5. 倒入杯中，撒上蓝莓点缀即可。

小贴士

这道饮品不管用白心火龙果还是红心火龙果来制作都可以，根据个人喜欢的颜色来选择吧！

奇异桑葚香橙汁

5分钟　简单

材料

黄心猕猴桃1个（约60克）/ 桑葚100克 / 脐橙1个（约120克）/ 纯净水150毫升

猕猴桃、桑葚和橙子，都天然带着微微的酸，这种酸味好像是它们在对你说：你尝，我可是蕴含满满的维生素C哦！维生素C是眼内晶状体的营养要素，可以预防白内障，保护眼睛免受光线伤害，相当于给眼睛戴了一副隐形墨镜。

做法

1. 桑葚用清水浸泡10分钟。

2. 猕猴桃洗净，取出果肉。

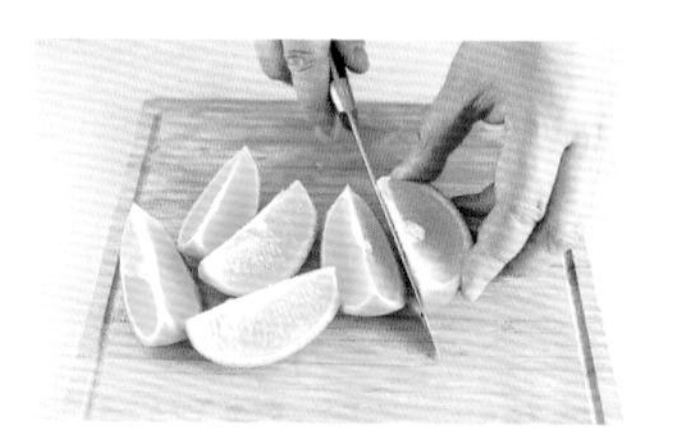

3. 脐橙洗净，切成6瓣。

4. 剥去橙皮，取出橙子肉。

5. 将浸泡好的桑葚再冲洗两遍，留1个作装饰。

6. 将桑葚、猕猴桃、橙子肉和纯净水一起搅打均匀，装杯后放桑葚装饰即可。

正常成熟的桑葚，颜色应该是深紫色，局部略有红色，梗部呈绿色。购买时请注意观察，尤其是梗部，如果梗部也是紫色，则为染色、催熟的桑葚。

菠菜西蓝花奶糊

 20 分钟  简单

材料

菠菜 100 克 / 西蓝花 1/4 棵（约 200 克）/ 牛奶 200 毫升 / 花生仁（带红衣）15 克 / 喜马拉雅粉红盐适量

美丽说

蔬菜换种做法，就能把蔬菜汁做出星级西餐厅蔬菜浓汤的口感，不仅好喝，蕴含的各种营养成分还能缓解眼部干涩、增强眼部肌肉弹性。

做法

1. 烤箱预热至 180℃，将花生仁平铺在烤盘上，中层烤 8 分钟。

2. 西蓝花洗净，切成小朵，用淡盐水浸泡 10 分钟左右，然后再过两遍清水。

3. 菠菜洗净，沥干水分，择去老叶，切成小段。

4. 将西蓝花放入小奶锅，加入牛奶，大火煮沸后转小火，煮 10 分钟左右，加入菠菜叶。

5. 关火，冷却至 60℃左右，倒入榨汁机，打成糊。

6. 磨取适量的喜马拉雅粉红盐调味，将花生仁用擀面杖擀碎，撒在奶糊上。

小贴士

- 花生仁可以一次多烤一些，冷却后放入密封盒，可以存放一周左右。
- 这道饮品完全可以当作代餐或者西餐配汤。

羽衣香芒木瓜胡萝卜

10 分钟　简单

材料

羽衣甘蓝 100 克 / 大芒果半个（约 200 克）/
木瓜 1/4 个（约 150 克）/
胡萝卜 1 根（约 100 克）/ 纯净水 100 毫升

美丽说

羽衣甘蓝中的叶黄素、芒果和木瓜中的维生素 C、胡萝卜中的胡萝卜素，这么多护眼的营养元素集合在一起，当然能让眼睛倍加明亮！

做法

1. 羽衣甘蓝择去老叶，洗净，沥干水分，撕成小片。

2. 芒果取出果肉。

3. 木瓜洗净，去皮去籽，切成小块，少许切丁作装饰。

4. 胡萝卜洗净，切去顶部，切成小块。

5. 将羽衣甘蓝、芒果、木瓜和胡萝卜一起放入榨汁机，加入纯净水。

6. 搅打均匀，装杯后放木瓜丁装饰即可。

小贴士

胡萝卜由于相对其他材料，质地较为坚硬，切块时请尽量切小一些，这样打出的果汁质地才会均匀、细腻。

甜椒莓莓

10 分钟　简单

材料

红甜椒 1 个（约 50 克）/ 蓝莓 125 克 /
草莓 125 克 / 树莓 125 克 / 纯净水 100 毫升

美丽说

甜椒俗称菜椒，虽担着个"甜"字，却没人尝出过甜味到底在哪里。但是甜椒中有着含量惊人的维生素 C，同时还富含多种矿物质，对健康，尤其是对视力有着不容小觑的保护功效。将甜椒和小浆果们打在一起，喏，它真的变甜啦！

做法

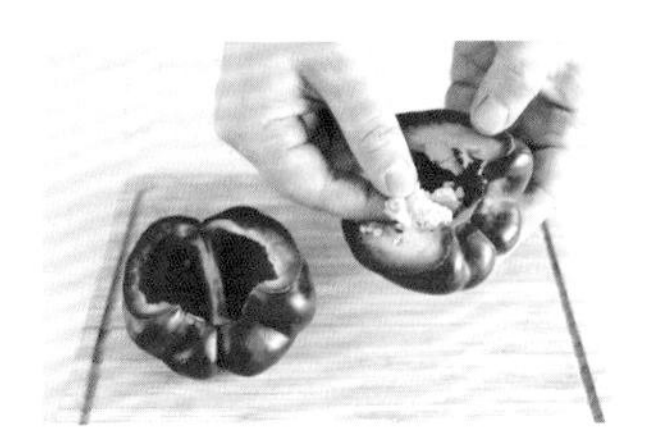

1. 红甜椒洗净，去除甜椒把和内部的籽、白瓤。

2. 将甜椒切成小块。

3. 蓝莓、草莓和树莓一起淘洗干净。

4. 留少许莓果作装饰，草莓可切半。

5. 将所有莓果和甜椒块一起放入榨汁机，加入纯净水。

6. 搅打均匀后倒入杯中，点缀上步骤 4 预留的莓果即可。

小贴士

- 如果没有新鲜的树莓，可以用冷冻品来代替，不要使用罐头或者果干。
- 蓝莓可以趁应季时节多购买一些，放入冰箱冷冻储存。

苦菊甘蔗汁

10 分钟　简单

材料

甘蔗 300 克 / 苦菊 50 克

工作不顺的时候，脾气容易变得暴躁，这时不妨喝杯苦菊甘蔗汁，其有着清热去火、去烦去躁的效果，能够帮助平复情绪。常喝还能清肝明目，特别适合经常面对电脑的上班族饮用。

做法

1. 甘蔗冲洗一下，去皮后从有节的地方剁成 3 段。

2. 分别去掉节后，再将每节甘蔗从中间切开，改刀切成小块。

3. 苦菊洗净，去根，切段。

4. 将甘蔗块和苦菊一起放入榨汁机中。

5. 搅打均匀，滤渣后装杯即可。

甘蔗粗硬有渣，喝之前最好过滤一下，口感更细腻。

西蓝花胡萝卜汁

5 分钟  简单

材料

西蓝花 300 克 / 胡萝卜 1 根 /
蜂蜜 1/2 汤匙 / 纯净水 100 毫升

西蓝花有很好的防癌食疗效果，而胡萝卜则是众所周知的护眼佳蔬。两者搭配榨汁，简直就是专为上班族定制的健康饮品。工作之外，也要照顾好身体哦。

做法

1. 西蓝花去蒂，洗净，掰成小朵备用。

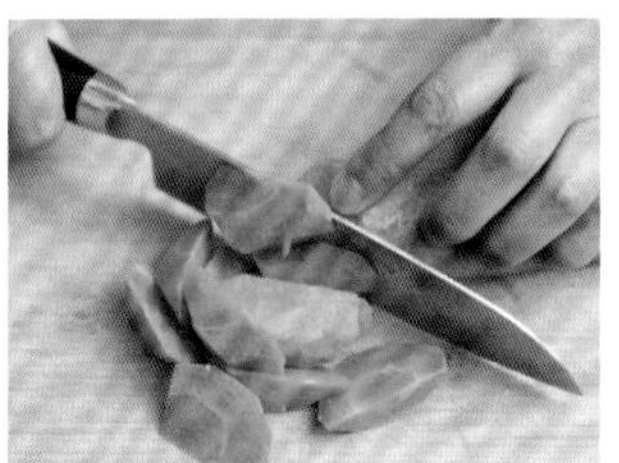
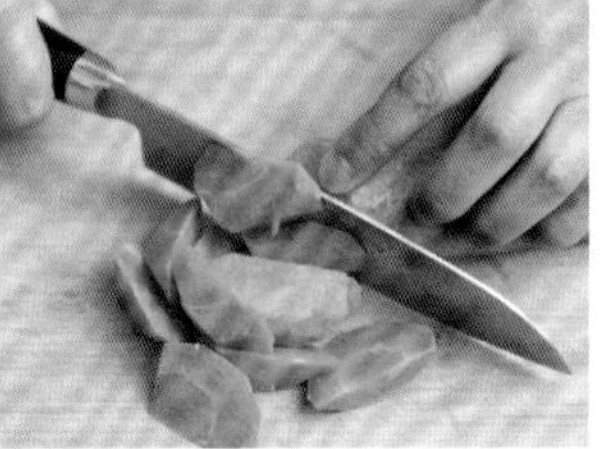

2. 胡萝卜削皮，洗净，切块备用。

3. 把西蓝花和胡萝卜放入榨汁机中，倒入纯净水，搅打均匀。

4. 倒入杯中，加入蜂蜜即可。

- 西蓝花和胡萝卜生着榨汁，无须用沸水焯熟，滋味更浓郁，营养也更全面。
- 加入蜂蜜可以调和西蓝花的微苦，使口感清爽甘甜，特别适合炎热的夏日饮用。

菊花蓝莓茶

10 分钟　简单

材料

干菊花 3 克 / 蓝莓 15 克 / 蜂蜜 1 汤匙 / 开水适量

蓝莓可以提高记忆力、延缓衰老、缓解视疲劳等。搭配菊花，还可以清热去火，对肝脏也有很好的保护效果。长期面对电脑的人喝这道水果茶，还能减少电子辐射带来的伤害呢。

做法

1. 干菊花洗净，温水泡软后捞出，沥干备用。

2. 蓝莓放入淡盐水浸泡一会儿后，用流水冲洗干净。

3. 将蓝莓对半切开，备用。

4. 菊花放入杯中，冲入开水后闷 3 分钟。

5. 加入蓝莓，再闷 2 分钟。

6. 加入蜂蜜，搅拌均匀后即可饮用。

蓝莓用淡盐水浸泡后可以有效去除表面的白霜，更干净，切开后泡茶，味道也更容易出来。

莓果甜菜思慕雪

7 分钟　简单

材料

黑莓 80 克 / 甜菜 80 克 / 酸奶 250 毫升 / 椰子片少许 / 蜂蜜少许

甜菜与蓝莓的搭配实在是太好看了，淡淡的紫色充满了浪漫，绝对是颜值担当。午餐时间来一杯，低卡又饱腹，经常食用既可保护眼睛、增强抵抗力，又能软化血管、防止血栓。

做法

1. 甜菜洗净、去皮，切成小块，放入榨汁机中。

2. 黑莓洗净，留下 6 ~ 8 颗待用，剩下的放入榨汁机中。

3. 将酸奶倒入榨汁机中，加入少许蜂蜜，与甜菜、黑莓一起搅打均匀。

4. 准备一个透明玻璃杯，将搅打好的甜菜黑莓奶昔倒入玻璃杯中。

5. 在奶昔上面撒上少许椰子片。

6. 最后加入剩余的黑莓点缀装饰即可。

甜菜的皮较厚，去皮时可以削厚一些。

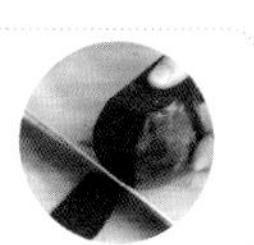

蓝莓橙子苹果茶

15 分钟　简单

材料

蓝莓 30 克 / 橙子 150 克 / 苹果 180 克 / 乌龙茶包 1 包 / 蜂蜜少许 / 纯净水 700 毫升

酸甜可口的蓝莓，搭配橙子与苹果制作而成的果茶，特别适合饭后来一杯，能消食，还能美容养颜，缓解眼部疲劳。

做法

1. 蓝莓洗净，放入冷饮壶中。

2. 橙子洗净，去皮，切成小块，放入冷饮壶中。

3. 苹果洗净，切成小块，放入冷饮壶中。

4. 煮锅内加入纯净水，大火烧开后关火。

5. 乌龙茶包放入开水中，提着茶包的线，上下浸泡 10 次左右，取出茶包。

6. 将茶水倒入冷饮壶中，盖上盖，闷 5 ~ 10 分钟。

7. 将茶水放凉到不烫手，加入少许蜂蜜，搅拌均匀即可。

蜂蜜最好用温水冲泡，用太热的水会破坏蜂蜜中的活性酶，降低其营养价值。

09 润肺清咽

汁水丰富的果蔬最能滋阴润肺、
清火祛燥，喝上一杯水水润润的果蔬汁，
心绪都变得平静了。

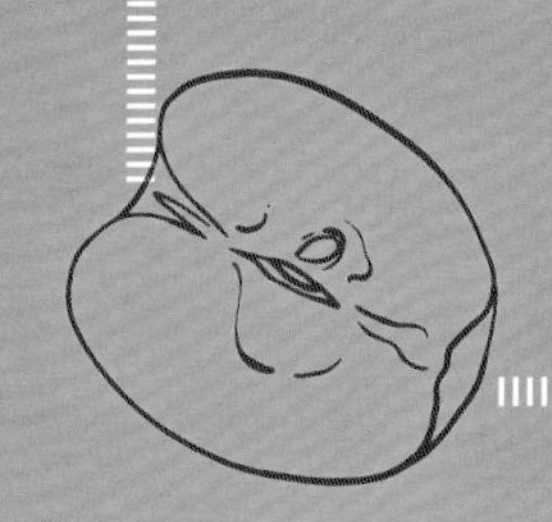

雪梨枇杷露

10 分钟　简单

材料

雪梨 1 个（约 120 克）/ 枇杷 100 克 / 蜂蜜 10 克 / 纯净水 200 毫升

雪梨洁白，枇杷黄嫩，这两种水果都有润肺、止咳、去燥的功效。而蜂蜜不仅能增加甜美的味觉体验，更具有杀菌、修复损伤的作用。

做法

1. 雪梨洗净，梨把朝上，切成 4 瓣，在果核处呈 V 字形划两刀，切掉梨核。

2. 将雪梨切成小块，少许切丁作装饰。

3. 枇杷洗净，沥干水分。

4. 剥去枇杷皮，去除果核。

5. 将枇杷肉和雪梨一并放入榨汁机，加入蜂蜜。

6. 加入纯净水，搅打均匀，装杯后点缀雪梨丁即可。

枇杷剥皮小窍门：用指甲将枇杷的果皮从上到下刮一遍；再从下至上撕开果皮，即可轻松剥下。枇杷果皮对人体不但无害，还含有丰富的营养，但是有涩味，会影响口感，再加上人工种植的枇杷有农药残留，所以还是尽量去除。

甘蔗马蹄爽

 15 分钟　简单

材料

去皮甘蔗半根 / 新鲜马蹄 100 克

美丽说

奇妙的甘蔗，有着粗犷憨直的外形，汁液却甜美无比，不仅是制作糖类的重要原料，鲜汁还具有生津润燥的效果。马蹄则可以清肺热、润咽喉、消肿痛。在甜甜的甘蔗汁中，加入粒粒爽口的马蹄，养肺润喉又清爽。

做法

1. 新鲜马蹄洗净，沥干水分。

2. 削去外皮，挖出底部的黄色硬心。

3. 用小奶锅烧一锅开水，放入削好的马蹄，小火煮 10 分钟。

4. 将煮好的马蹄捞出，放凉后切成小块。

5. 甘蔗剁成小块，放入原汁机，榨出甘蔗汁。

6. 将甘蔗汁倒入切碎的马蹄中即可饮用。

小贴士

很多人喜欢生吃新鲜马蹄，觉得口感爽脆，但事实上马蹄、莲藕这类水生植物，极大可能附着虫的囊蚴，因此一定要仔细去皮并烹熟后再食用。

石榴西柚

 15 分钟 中等

材料

石榴 1 个（约 100 克）/
西柚半个（约 100 克）/
纯净水 200 毫升 / 蜂蜜 15 克

美丽说

石榴这种较难处理的水果之所以能广受欢迎，靠的不光是它晶莹剔透的颜值和多子多福的寓意，它生津止渴的能力也很强呢！将西柚打汁，石榴籽完整地点缀其间，不但能清肺火、润咽喉，还兼具了好口感和美美的外观。

做法

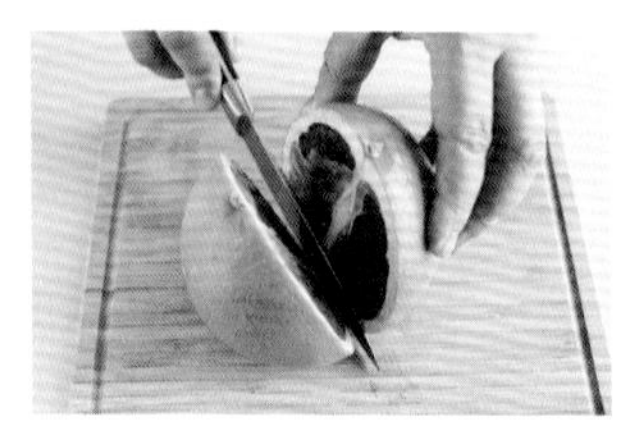

1. 西柚洗净，对半切开。

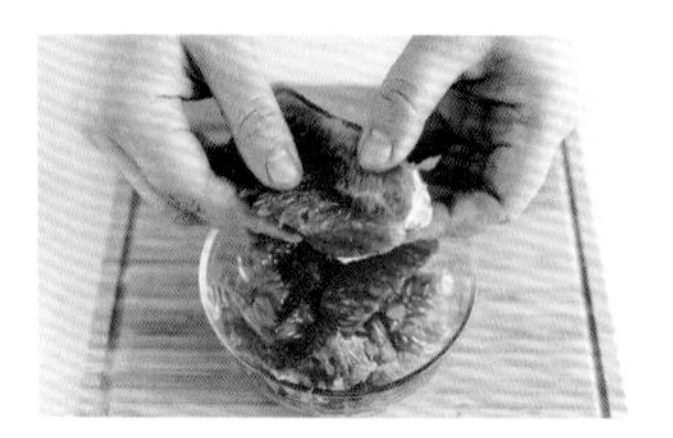

2. 将西柚去皮去籽，尽量去除白色瓣膜，剥出蜜柚肉。

3. 将西柚肉放入榨汁机，加入蜂蜜和纯净水，搅打均匀。

4. 石榴在距离开口处 2 厘米左右的位置，用水果刀划开一个圆圈（划透果皮即可）。

5. 用手将划掉的石榴皮顶部拽下，然后沿着内部的隔膜将石榴皮的侧边划开。

6. 将石榴掰开，剥出石榴籽，撒入西柚汁中稍微搅拌即可。

小贴士

如果买不到西柚，也可以用普通的红心蜜柚来代替。

柠檬香橙无花果

 10 分钟　 简单

材料

柠檬半个（约 25 克）/ 脐橙 1 个（约 120 克）/ 无花果 50 克 / 纯净水 200 毫升

美丽说

无花果在欧洲是甜点师们非常中意的高端水果食材，有它点缀的甜品都身价不菲。诸多医学典籍记载它有着良好的益肺、治疗喉疾的功效。柠檬和脐橙也有着一定程度止咳化痰的作用。将这三种水果通过不同手法萃取组合，即成为一杯既有颜值又营养健康的果汁！

做法

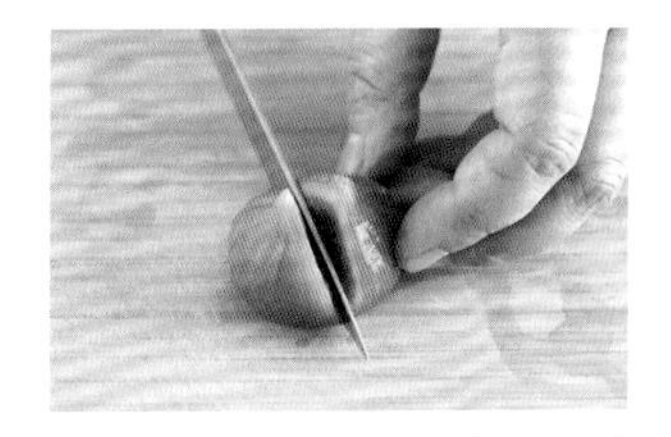

1. 无花果洗净，沥干水分，对半切开。

2. 用一个干净的勺子，将果肉取出备用。

3. 柠檬洗净，对半切开，取一半用榨汁器榨出柠檬汁。

4. 脐橙洗净，将其切开，留 1 块作装饰，其余取出果肉。

5. 将无花果、脐橙放入榨汁机，将柠檬汁过滤后加入其中。

6. 加入纯净水，搅打均匀，装杯后放脐橙块，可放薄荷叶装饰。

小贴士

当一颗无花果外表大部分呈现紫红色、捏起来非常柔软的时候，才是真正成熟了，这时候的无花果果汁充沛，甜度极高，用来打汁最合适。

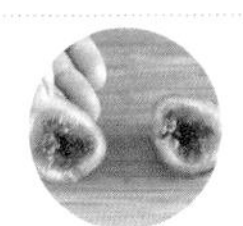

胡萝卜雪梨花菜汁

15 分钟　简单

材料

胡萝卜 1 根（约 100 克）/ 雪梨 1 个（约 120 克）/ 菜花 100 克 / 纯净水 100 毫升

美丽说

菜花有润肺、止渴、爽喉的功效，因产量大、易种植，被誉为“天赐良药”和“穷人的医生”。在我国，这种菜一般用来炒菜。但其实它口味清淡，打成果蔬汁味道也丝毫不违和。胡萝卜的加入不仅能增添亮色，还有定喘祛痰的功效。用雪梨定味，润肺效果加倍，令果蔬汁变得更加好喝。

做法

1. 菜花掰成小块，用淡盐水浸泡半小时，然后冲洗两遍，沥干水分。

2. 小锅加水，烧开后放入菜花，至水再次沸腾，立刻将菜花捞出，沥干水分。

3. 雪梨洗净，梨把朝上，切成 4 瓣。

4. 在果核处呈 V 字形划两刀，切掉梨核，然后将雪梨切成小块。

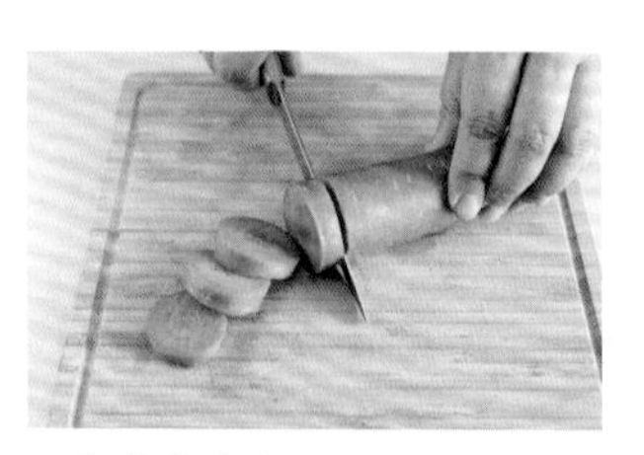

5. 胡萝卜洗净，切成小块。

6. 将菜花、雪梨块和胡萝卜块放入榨汁机，加入纯净水，搅匀，装杯后可放薄荷叶装饰。

小贴士

购买菜花时，最好选用梗部较长的有机菜花，不但更加健康，菜花的梗部用来榨汁也更加合适。

莲藕西芹薄荷汁

10 分钟　简单

材料

莲藕 100 克 / 西芹 100 克 / 新鲜薄荷叶 1 小把（约 10 克）/ 纯净水 300 毫升

美丽说

“玉腕枕香腮，红莲藕上开。”自古为文人墨客争相颂咏的莲藕，花可观，叶可赏，根茎又是好食材。中医认为莲藕可以凉血、散血，止血而不留瘀，是热病血证的食疗佳品。西芹平肝清热，薄荷清咽利喉。白色的莲藕与绿色的鲜叶做成的蔬菜汁，不仅看着清爽，也能让身体轻盈舒畅。

做法

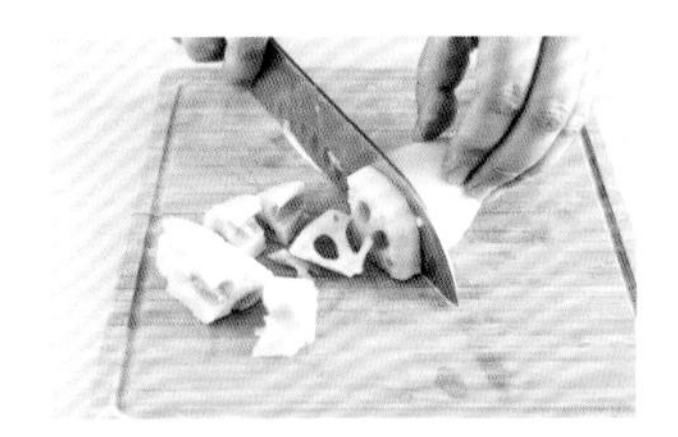

1. 莲藕洗净，切掉根节部位，削皮后切成小块。

2. 用小锅烧一锅开水，将莲藕块放进去，煮至沸腾后转小火，煮 3 分钟。

3. 捞出沥干水分，放凉备用。

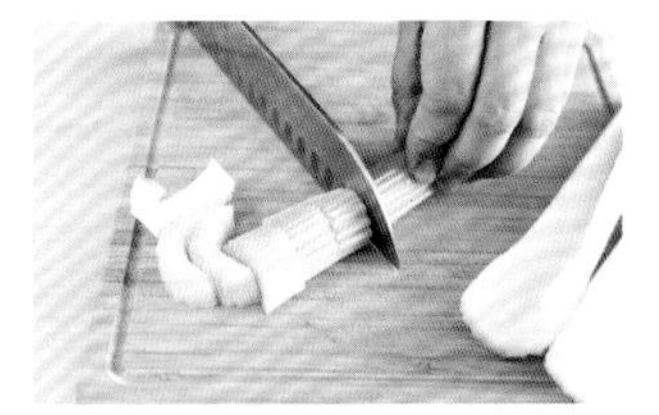

4. 西芹洗净，择去叶子，切掉根部，然后切成小段。

5. 薄荷叶洗净，沥干水分，留出 2 片作为点缀。

6. 将莲藕块、西芹段和薄荷叶放入榨汁机，加入纯净水，搅打均匀后倒入杯中，点缀上步骤 5 预留的薄荷叶即可。

小贴士

购买莲藕时，要选择外皮光嫩、洁白，藕节肥厚饱满的莲藕，如果莲藕有发黑的部分，一定要切除干净才能食用。

雪梨苹果杨桃汁

10 分钟　简单

材料

雪梨 1 个（约 120 克）/ 苹果 1 个（约 100 克）/ 杨桃 1 个（约 100 克）/ 纯净水 100 毫升

美丽说

有着“生命活水”之称的苹果，营养成分的可溶性极高，特别容易被人体吸收；与有着极强润肺功效的雪梨和生津止渴、消热排毒的杨桃搭配做成果汁，鲜爽甜美，一口饮下清心润肺。

做法

1. 雪梨洗净，梨把朝上，切成 4 瓣。

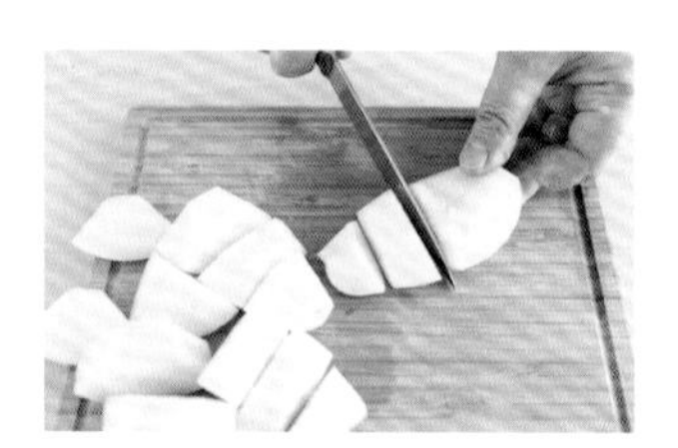

2. 在果核处呈 V 字形划两刀，切掉梨核，然后将雪梨切成小块。

3. 苹果洗净外皮，用切苹果器切开，去除果核。

4. 杨桃洗净，切片。

5. 将雪梨、苹果和杨桃一并放入榨汁机，加入纯净水。

6. 搅打均匀后倒入杯中即可。

小贴士

尝试留下一小块雪梨、苹果或杨桃，切成小粒，放入制作好的果汁中，口感会更加丰富。

快速雪梨银耳羹

20 分钟　简单

材料

干银耳 5 克 / 雪梨 1 个（约 120 克）/
冰糖 5 克 / 纯净水 250 毫升

美丽说

银耳去燥、润肺、养颜的功效人人知道，可是熬一次银耳羹实在太麻烦了：泡发、小火慢炖，没有七八个小时喝不到。其实只要换种做法，不仅能迅速喝到香甜的银耳羹，还有别具一格的新鲜口感呢！

做法

1. 干银耳洗净，放入小奶锅，加入纯净水浸泡至银耳变软。

2. 加入冰糖，大火烧开后转小火，煮至冰糖全部化开，放凉，留几朵作装饰。

3. 雪梨洗净，梨把朝上，切成 4 瓣。

4. 在果核处呈 V 字形划两刀，切掉梨核，然后将雪梨切成小块。

5. 将雪梨放入榨汁机，加入冷却后的银耳冰糖水。

6. 搅打均匀，装杯后放银耳装饰。

小贴士

这道饮品中的银耳有非常爽脆的口感，如果喜欢糯糯的银耳，可以提前一晚将泡发的银耳加清水煮沸后沥去水分，放入冰箱冷藏。再煮制的时候，只需很短的时间，银耳即可变得软烂，并析出浓稠的胶质。

蜂蜜胡萝卜山药糊

15 分钟　简单

材料

胡萝卜 1 根（约 100 克）/ 山药 200 克 / 蜂蜜 20 克 / 纯净水 500 毫升

山药除了滋阴益肾，还能补肺虚、止咳喘。胡萝卜除了富含胡萝卜素和膳食纤维，还有能够增强免疫力的木质素，同样有着定喘祛痰的功效。蜂蜜的加入，不仅能调和出甜美的口感，还能起到辅助杀灭口腔细菌的作用，从而更好地保护咽喉。

做法

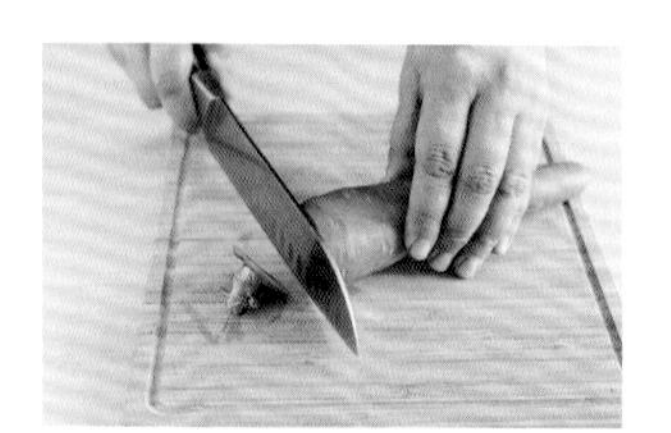

1. 胡萝卜洗净，切去顶端。

2. 将胡萝卜切成薄片或尽量小的块。

3. 山药削皮，斜切成薄片。

4. 将胡萝卜和山药放入米糊机，加入纯净水。

5. 选择五谷豆浆程序。

6. 制作好以后倒入碗中，待温度降至可入口时，加入蜂蜜调味即可。

山药品种很多，最佳品种“铁棍山药”产自河南焦作，当地人称其为怀山药。用来制作山药糊的山药，不要选择外皮光滑的脆山药，而应选择凸点、根须较多的品种，这样制作出的山药糊口感才能绵密、顺滑。

教师清咽茶

8 分钟　简单

材料

罗汉果 1 颗 / 胖大海 2 颗 / 胎菊 3 朵 /
麦冬 6 粒 / 冰糖 5 克 / 纯净水 600 毫升

“春蚕到死丝方尽，蜡炬成灰泪始干。”三尺讲台上的教师们，每天都要传道授业解惑，没有一副抗疲劳的好嗓子，真是难以胜任这份辛苦的工作。每一个刚刚入职的新教师，都会从资深的老教师那里得到这样一副茶方，再肿痛难忍的喉疾，一壶下去，茶到病除。

做法

1. 罗汉果洗净，用厨房纸巾擦干水分。

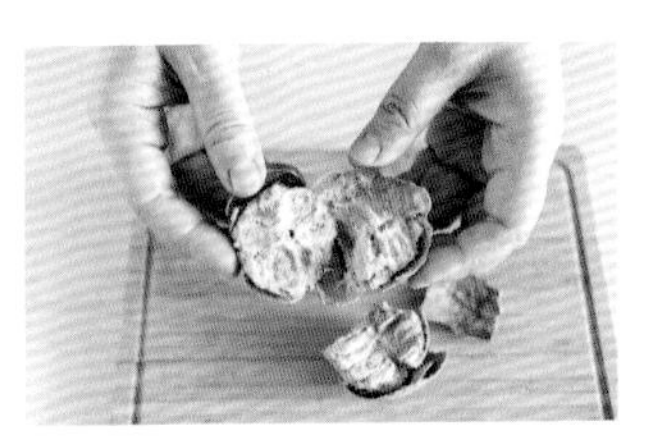

2. 将罗汉果敲碎，然后掰成小块。

3. 胖大海、胎菊和麦冬一起冲洗干净。

4. 将掰碎的罗汉果和胖大海、胎菊、麦冬一起放入花茶壶，加入冰糖。

5. 纯净水烧开后注入花茶壶内。

6. 用搅拌棒轻轻搅拌至冰糖化开即可。

这道饮品非常败火清咽，但是多为寒凉之物，女性生理期或者本身体寒的人群不可饮用过量。如果必要，可以将冰糖换为红糖，以中和药材的寒性。

白萝卜雪梨水

50分钟　简单

材料

白萝卜200克 / 雪梨1个（约100克）/ 冰糖10克 / 纯净水500毫升 / 枸杞子少许

喉咙发干发痒的时候，多喝点白萝卜雪梨水，白萝卜和雪梨都是止咳化痰的宝物，强强联合，不但能够润肺去火，还能够开胃健脾、促进消化呢。

做法

1. 白萝卜洗净，削皮，切成小丁。

2. 雪梨洗净，去皮、去核，切成小块。

3. 净锅注入纯净水，放入萝卜丁和雪梨块，加冰糖，大火煮开。

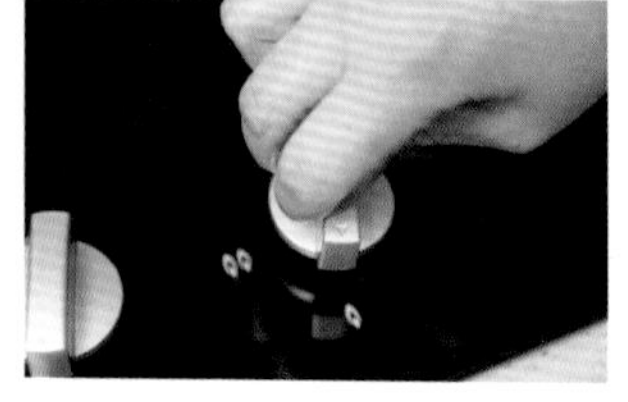

4. 撇除浮沫后，转中火煮30分钟。

5. 关火闷5分钟后盛入碗中，点缀少许枸杞子装饰。

白萝卜可以切成细丝，会煮得更透。关火后，白萝卜雪梨水先不着急开锅，闷一会儿，味道更浓郁。

鲜百合雪梨汁

15 分钟　简单

材料

鲜百合 2 头（约 200 克）/
雪梨 1 个（约 200 克）/ 冰糖少许 /
纯净水 200 毫升

百合除含有蛋白质、钙、磷、铁和维生素等营养素外，还含有一些特殊的营养成分，如秋水仙碱等多种生物碱，有防癌抗癌、养心安神、润肺止咳、促进血液循环及美容润肤等食疗功效。

做法

1. 鲜百合洗净，去掉两端发黑的部分后一片片剥下，留少许作装饰。

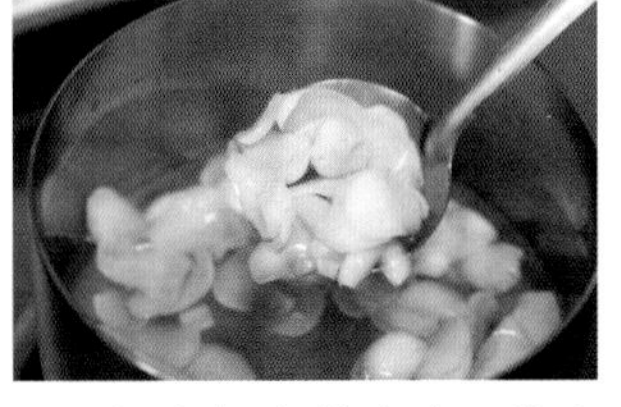

2. 汤锅中加入纯净水，放入鲜百合和冰糖一同熬煮 5 分钟左右。

3. 雪梨洗净，去皮、去核，将果肉切成大块。

4. 将冰糖百合水放凉，与雪梨果肉一同放入榨汁机中，搅打均匀后装杯，放百合片点缀。

百合和雪梨都是具有清热润肺功效的凉性食材，胃寒者可将雪梨果肉与百合一同先熬煮至软烂，再搅打成汁即可。

小吊梨汤

60分钟　中等

材料

雪梨2个（约300克）/ 干银耳20克 / 枸杞子20克 / 冰糖20克 / 话梅10克 / 纯净水700毫升

感冒经常伴随咽喉不舒服，口干舌燥。这道由雪梨、银耳和枸杞子精心搭配的传统京味汤品，具有清咽润喉功效，能清火祛燥、调节情绪，让人在甜蜜中慢慢变得平心静气。

做法

1. 雪梨洗净，削皮，去核，切成小块，梨皮不要扔。

2. 将干银耳用冷水泡发，去蒂，撕成小碎朵备用。

3. 将枸杞子和话梅洗净，泡软备用。

4. 将雪梨块和梨皮一起放入锅中，倒入纯净水，大火烧开。

5. 放入银耳，转中火煮10分钟。

6. 将枸杞子、话梅和冰糖下入锅中，小火熬煮半小时左右。

7. 盛入碗中，即可饮用。

- 梨皮要保留，可以增加汤的黏稠度，清洗时，先用淡盐水泡10分钟后再搓洗，就很干净了。
- 正宗老北京的风味，汤水依旧是液体，而不是羹糊状，如果想要糯糯的口感，煮久点。

桂花姜糖水

20 分钟　简单

材料

干桂花 5 克 / 老姜 10 克 / 枸杞子 8 克 / 黑糖 2 块 / 纯净水 500 毫升

美丽说

忙碌了一天，身心俱疲，下班回家后不妨先喝杯桂花姜糖水。其芳香的气味可以缓解疲惫，改善心情。甜中带点辛辣的糖水，还能够清咽润喉，止咳化痰，让说了一天话的喉咙也得到舒缓。

做法

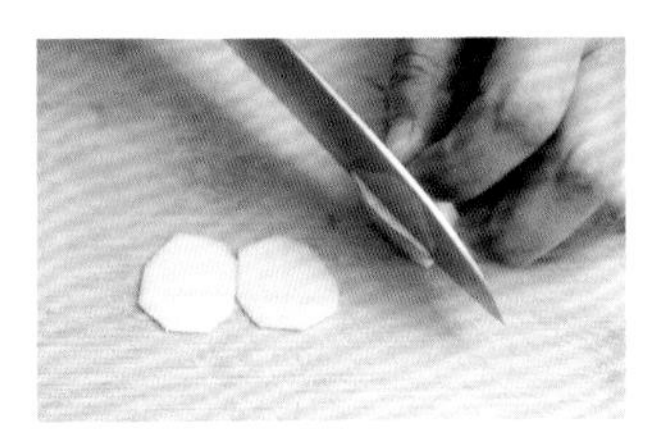

1. 将老姜去皮，洗净，切成片。

2. 枸杞子洗净，备用。

3. 将姜片、枸杞子和黑糖一起放入锅中，加入纯净水，大火煮开。

4. 转小火熬 10 分钟，放入干桂花。

5. 关火闷 1 分钟后，盛入碗中，即可饮用。

小贴士

- 熬姜糖水时，建议选用老姜，其姜味更浓，食疗效果也更好。
- 加入干桂花后闷一会儿，可以将桂花香全部释放出来，喝起来芬芳四溢。

木瓜苹果雪梨茶

10 分钟　简单

材料

木瓜 120 克 / 苹果 160 克 / 雪梨 200 克 / 红茶包 2 个 / 蜂蜜少许 / 纯净水 700 毫升

不想喝有添加剂的饮料，不如泡一壶健康养生的水果茶吧。香甜的木瓜搭配酸甜的苹果，加上清甜润肺的雪梨，经常食用不仅可以美容养颜，还能清肺排毒，是一杯有格调的饮品哦。

做法

1. 木瓜洗净，去皮、去籽，切成小块，放入冷饮壶中。

2. 苹果洗净，去核，切成小块，放入冷饮壶中。

3. 雪梨洗净，去核，切成小块，放入冷饮壶中。

4. 煮锅内加入纯净水，大火烧开后关火。

5. 将红茶包放入开水中，提着茶包上的线，上下浸泡 10 次左右，取出茶包。

6. 将红茶水倒入冷饮壶中，盖上盖，闷 5 ~ 10 分钟。

7. 待冷饮壶中的果茶不烫手，加入少许蜂蜜，搅拌均匀即可。

制作果茶的容器最好选用玻璃制品或搪瓷制品，不能用铁制品，因为水果的果酸和茶里的鞣酸会与铁起化学反应，破坏营养和品相。

10

调节免疫力

蔬果超强的抗氧化能力能够减轻
自由基对人体的伤害，调节免疫力。轻断食期间多喝些果蔬汁，
让天然的“抗氧化剂”守护你的健康。

甜瓜生菜汁

 5分钟 简单

材料

绿甜瓜1个（约200克）/ 生菜100克 / 冰块20克 / 柠檬1薄片 / 纯净水100毫升

两种水分十足的果蔬搭配，怎能不消暑解渴？尤其是绿甜瓜，其营养物质一点也不逊于西瓜，特别适合夏日补水，还能补充能量，调节免疫力。

做法

1. 绿甜瓜洗净，去皮、去籽，切小块。

2. 生菜洗净，分片，切小段。

3. 把生菜、甜瓜、纯净水放入榨汁机中，搅打均匀。

4. 在杯中加入冰块，倒入果蔬汁。

5. 放上柠檬薄片或插在杯口装饰即可。

由于甜瓜的甜度很高，所以不需要另加糖或者蜂蜜了，如果介意口感，可以在倒入杯中时过滤一下再喝。

白菜土豆汁

10 分钟  简单

材料

白菜 200 克 / 土豆 1 个（约 80 克）/
蜂蜜 2 汤匙 / 纯净水 50 毫升

土豆中富含的营养物质能够调节免疫力，而白菜中的天然抗菌元素则有消炎的作用。女生常喝这款蔬菜汁，还能美容嫩肤、减肥瘦身呢。

做法

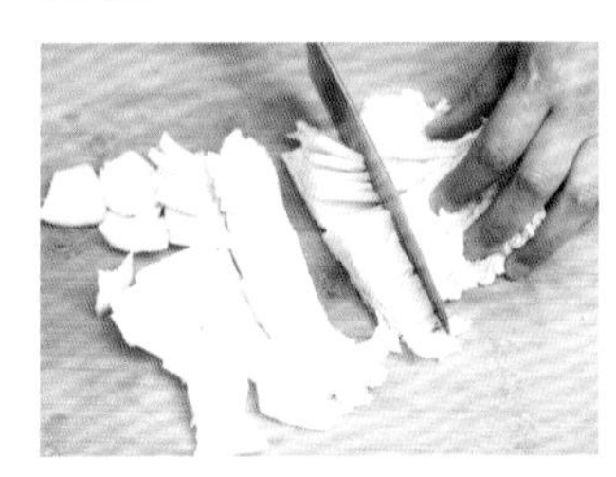

1. 白菜择去坏叶后，横向切开，切成小块。

2. 土豆洗净，去皮，切成小块，放入冷水中浸泡。

3. 锅中加水煮沸，分别放入白菜和土豆，焯熟后沥水备用。

4. 将白菜块和土豆块一起放入榨汁机中，加入蜂蜜和纯净水。

5. 搅打均匀后，装杯即可。

胡萝卜土豆汁

 5分钟　简单

材料

胡萝卜2根（约150克）/
土豆1个（约80克）/蜂蜜2汤匙

有着“小人参”之称的胡萝卜，含有丰富的维生素和胡萝卜素，能够清肝明目，美容养颜。土豆则被称为“穷人的面包”，对恢复体力、增强体质有着很好的效果。两者榨汁可调节免疫力，预防感冒。

做法

1. 胡萝卜洗净，削皮，切成小块。

2. 土豆洗净，削皮，切成小块，放在水中浸泡一会儿。

3. 锅中加入水，煮沸后放入土豆，焯熟后沥水备用。

4. 将胡萝卜块和土豆块放入榨汁机中榨汁。

5. 加入蜂蜜搅拌均匀后，装杯即可。

把切好的土豆块放在凉水中浸泡，不但可以将淀粉泡出，还可确保它不会立即被氧化而变色。

鲜榨紫洋葱汁

 5 分钟  简单

材料

紫洋葱 2 个（约 200 克）/ 鲜柠檬半个 / 蜂蜜 2 汤匙 / 纯净水 100 毫升

美丽说

洋葱含有前列腺素 A，能降低血液黏稠度，对降低血压有一定食疗效果。此外，洋葱中的杀菌素有很强的杀菌能力，可有效抵御流感病毒，预防感冒。

做法

1. 紫洋葱去皮，横切两半后，沿着纹路切成小块，放入碗中。

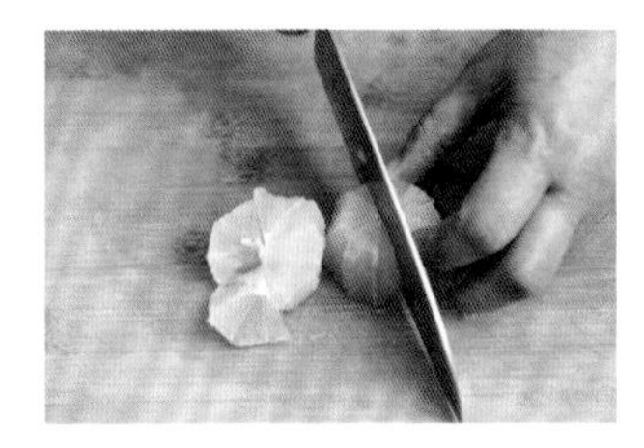

2. 鲜柠檬洗净、去皮、去籽，切成小块。

3. 将洋葱和柠檬用榨汁机榨出汁。

4. 再放入蜂蜜和纯净水，搅拌均匀。

5. 倒入杯中即可饮用。

小贴士

洋葱搭配柠檬汁和蜂蜜后，喝起来不会太呛，放入冰箱里冷藏后再饮用，口感会更好。

桃子金橘汁

5 分钟　简单

材料

青金橘 10 颗（约 80 克）/
桃子 2 个（约 100 克）/ 蜂蜜 1 汤匙 /
纯净水 100 毫升

别小看了青金橘，常吃它可以调节身体免疫力，天气寒冷的时候还能预防感冒。与桃子一起榨汁，还有止咳化痰的效果。

做法

1. 青金橘洗净，去蒂，一分为二切开，去籽。

2. 桃子洗净，去皮后切开，去核，切成小块。

3. 将青金橘和桃子一起放入榨汁机中，放入蜂蜜和纯净水。

4. 搅打均匀，倒入杯中，即可饮用。

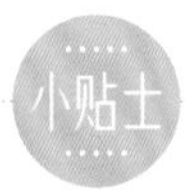

青金橘和桃子都无须去皮，清洗时建议分别在淡盐水中浸泡 10 分钟左右，再轻轻搓洗，用流水冲净就可以了。

红枣生姜汁

 10 分钟  简单

材料

红枣 50 克 / 枸杞子 5 克 / 生姜 10 克 / 蜂蜜 1 汤匙 / 纯净水 100 毫升

美丽说

现代人饮食不规律，导致胃口也不好。这款红枣生姜汁可健脾养胃。红枣补气，生姜散寒，搭配在一起榨汁，可以有效防止慢性胃炎，而且天气寒冷的时候，还能够预防感冒，调节免疫力。

做法

1. 将红枣洗净，对半切开，去核。

2. 将枸杞子洗净，留几粒作装饰。

3. 生姜洗净，去皮，切末。

4. 将红枣、枸杞子和生姜一起放入榨汁机中，放入蜂蜜和纯净水。

5. 搅打均匀，倒入杯中，放枸杞子点缀。

小贴士

清洗红枣时，建议在水中先放点淀粉和盐，浸泡 5 分钟后搓洗，再用清水冲洗干净。

油菜胡萝卜汁

 15 分钟 简单

材料

油菜 300 克 / 胡萝卜 1 根（约 150 克）/ 蜂蜜 2 汤匙

美丽说

油菜算是含钙量很高的蔬菜，多吃能够强身健体。胡萝卜益肝明目，保护视力，两者搭配榨汁，能够调节免疫力，预防呼吸道疾病，秋冬季节多饮用，风寒感冒远离你。

做法

1. 油菜洗净，切小块。

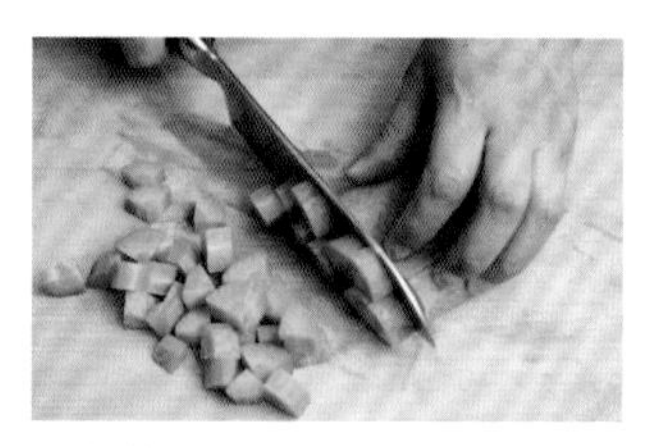

2. 胡萝卜洗净，去皮，切成小块。

3. 胡萝卜用榨汁机榨出胡萝卜汁。

4. 锅中加水煮沸，放入油菜，焯熟后沥水备用。

5. 将油菜和胡萝汁一起放入榨汁机中，加入蜂蜜。

6. 搅打均匀，倒入杯中即可饮用。

小贴士

- 清洗油菜时，可以先在清水中浸泡 10 分钟左右，有助于去除农药残留。
- 如果喜欢咸味，搅打时把蜂蜜换成少许盐就可以啦。

奶香玉米汁

25 分钟　中等

材料

水果玉米 2 根（约 200 克）/
纯牛奶 200 毫升 / 纯净水 200 毫升

这杯奶香玉米汁含丰富的营养物质，不仅可以满足身体所需的热量，还能够补气益气、调节免疫力，让你一天都精神饱满、心情愉悦。

做法

1. 水果玉米洗净，用刀将玉米粒切下。

2. 净锅，放入玉米粒和纯净水。

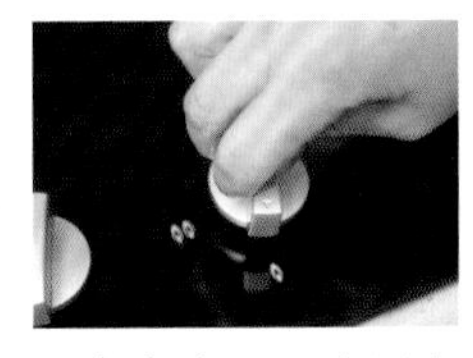

3. 大火煮开，改用小火煮 10 分钟左右。

4. 用漏勺将玉米粒捞出、放凉。

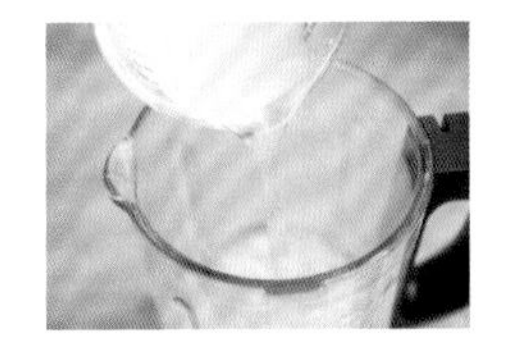

5. 将玉米粒和煮玉米的热汤一起倒入榨汁机中，加入纯牛奶，搅打均匀。

6. 将玉米牛奶汁倒入奶锅中，加热至 70℃左右。

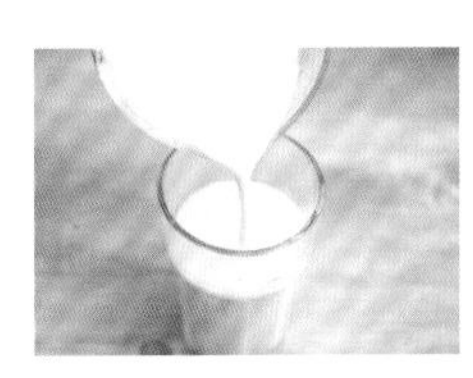

7. 倒入杯中，稍凉即可饮用。

一定要选鲜嫩的水果玉米（甜玉米），其水分多，味道甜；老玉米皮厚渣多，影响口感。

番茄甜橙西芹汁

 5分钟　简单

材料

番茄 200 克 / 甜橙 300 克 / 西芹 100 克 / 盐 2 克

酸甜可口的甜橙富含维生素，可以增强抵抗力，软化血管。它独特的气味还有舒缓压力、克服紧张情绪的功效；番茄富含番茄红素，可以保护心脑血管，延缓衰老。

做法

1. 番茄洗净后去皮、去蒂，切成小块待用。

2. 甜橙切成 4 瓣，去皮、去核待用。

3. 西芹洗净后撕去老筋，切成小段待用。

4. 将番茄块、甜橙、西芹段一起倒入榨汁机中，加入盐，搅打均匀，可放薄荷叶装饰。

西芹榨汁后味道有点略苦，可以根据自己的口味适当加入一些甜橙或者蜂蜜进行调味。

蔓越莓蜜橙汁

15 分钟  中等

材料

蔓越莓干 1 汤匙（约 15 克）/
橙子 1 个（约 200 克）/ 蜂蜜适量 /
纯净水适量

美丽说

蔓越莓具有调节免疫力、抗衰老、减脂排毒等食疗作用。虽然蔓越莓营养价值丰富，但味道较酸，加适量蜂蜜调匀，味道更加均衡，口感也更顺滑。

做法

1. 橙子去皮，将果肉切成小块。

2. 橙子果肉放入榨汁机中，加入适量纯净水打成橙汁。

3. 蔓越莓干用温水洗净泡软，切成碎粒。

4. 将蔓越莓干放入杯底，倒入适量蜂蜜没过蔓越莓干。

5. 取一只勺子倾斜 45°放在杯口处，将橙汁顺着勺面和杯壁缓缓倒入杯中，这样杯中的橙汁和底部的蔓越莓蜜会出现分层效果。

6. 在杯底的蔓越莓不易喝到，可插入一根较粗的吸管，喝前搅匀即可。

小贴士

蔓越莓干也可以替换成其他果干，例如糖渍橙皮、葡萄干或龙眼干等。做果蔬汁就像做实验一般，可以出其不意碰撞出惊喜。

胡萝卜生姜柳橙汁

5 分钟　简单

材料

胡萝卜 230 克 / 生姜 5 克 / 柳橙 200 克 / 蜂蜜少许 / 纯净水 100 毫升

生姜辛辣芳香，有驱寒暖胃、增进食欲、预防感冒的功效。加上胡萝卜与柳橙，口感酸酸甜甜，中和了生姜的辛辣，让口感变得更加美妙，特别适合体寒的你。每天喝一杯，让你不用抹腮红也能拥有好气色。

做法

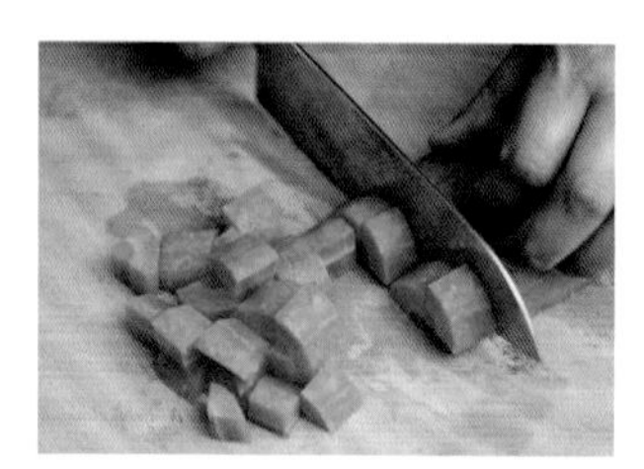

1. 胡萝卜洗净，切成小块待用。

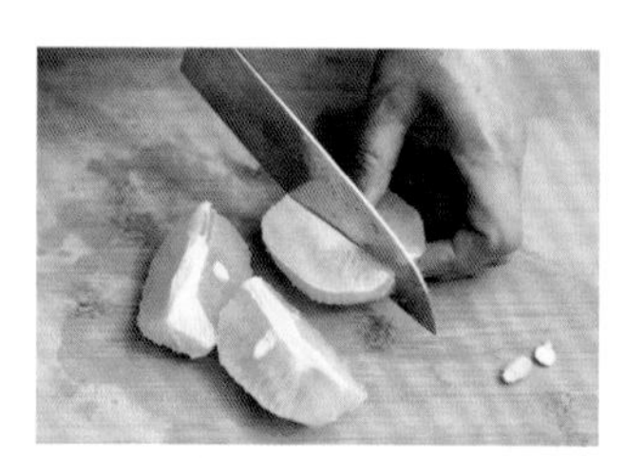

2. 生姜洗净，去皮，切成片待用。柳橙去皮，去核，切成 4 瓣待用。

3. 将胡萝卜块、生姜片、柳橙瓣一起放入榨汁机中。

4. 加入少许蜂蜜和纯净水，搅打均匀即可。

果蔬汁制作完成后冷藏一下，口感会更好。

芒果香橙思慕雪

8 分钟  简单

材料

芒果 200 克 / 香橙 150 克 /
酸奶 200 毫升

美丽说

细嫩多汁的芒果，搭配甜美清新的香橙、醇厚香浓的酸奶，口感层次分明，层层递进，瞬间就能唤醒你挑剔的味蕾。好看、好吃之余，营养还特别丰富，既能清肠排毒，还能调节免疫力，促进消化。

做法

1. 香橙洗净，切下几片待用，剩下的去皮，切成小块，放入榨汁机中。

2. 准备一个透明的玻璃杯，将香橙片贴在杯内，用手指轻轻按紧，以免下滑。

3. 芒果洗净，去皮、去核，切成小块，留六七块待用，剩下的放入榨汁机中。

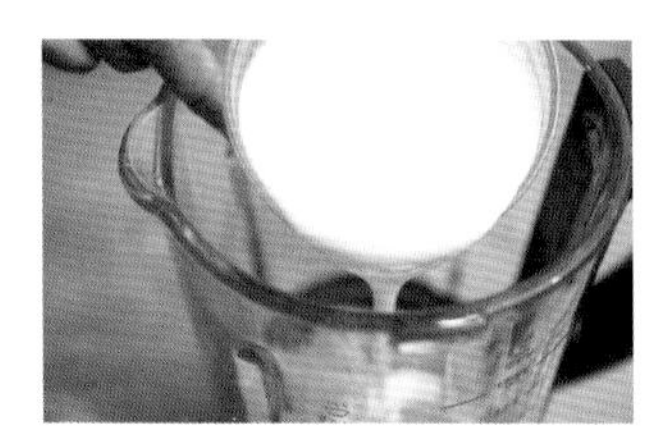

4. 将酸奶倒入榨汁机中，与香橙、芒果一起搅拌均匀。

5. 把搅打好的香橙芒果奶昔倒入玻璃杯中。

6. 最后在杯顶放上预留的芒果块，点缀装饰即可。

小贴士

用来制作思慕雪的酸奶应挑选原味、黏稠度高的酸奶。

紫薯山药燕麦思慕雪

25 分钟　简单

材料

紫薯 200 克 / 山药 100 克 / 酸奶 200 毫升 / 即食燕麦片少许

美丽说

紫薯和山药都是养生系的代表，不仅可以降低血糖、促进消化，还可以延缓衰老、调节免疫力。早餐时用燕麦作为代餐再合适不过了。

做法

1. 紫薯洗净、去皮，切成四五大块待用。

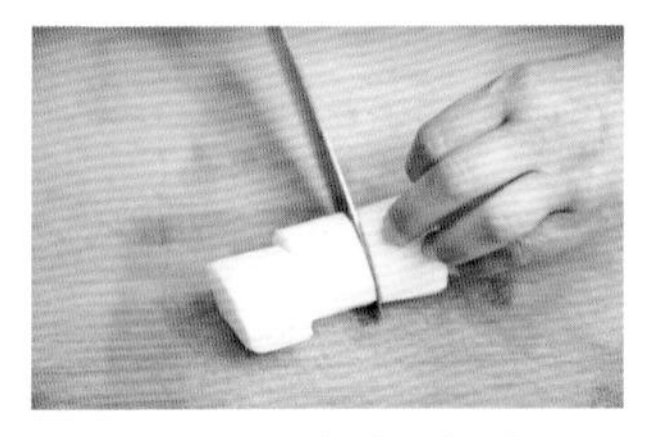

2. 山药洗净、去皮，切成两三段待用。

3. 将山药、紫薯一起放到蒸锅中，蒸 15 分钟左右起锅。

4. 把山药、紫薯、酸奶依次放入榨汁机中，搅打均匀。

5. 准备一个透明玻璃杯，将搅打好的山药紫薯奶昔倒入玻璃杯中。

6. 将即食燕麦片撒在上面即可。

小贴士

山药削皮时容易引起手部过敏症状，最好戴上手套或用保鲜膜衬垫一下。

香橙木瓜思慕雪

 20 分钟　中等

材料

木瓜 80 克 / 橙子 1 个（约 200 克）/
冻酸奶 100 克

美丽说

木瓜中含有丰富的胡萝卜素和维生素 C，它们有很强的抗氧化能力，可以调节人体的免疫力。橙子味道清新，具有生津止渴、提神醒脑的作用。酸奶则含有益生菌，可调节肠道菌群平衡，抑制腐败菌产生的毒素。

做法

1. 木瓜洗净，去皮去籽。取一小部分木瓜肉，用模具刻出花朵形状，并切成薄片。

2. 其余的木瓜果肉切成小块备用。

3. 橙子剥去外皮和果肉外白色的薄膜，留下果肉。

4. 将橙子果肉与冻酸奶一同放入榨汁机中，打成冰沙。

5. 把花朵形的木瓜果肉贴在杯壁上，缓缓倒入 3/4 杯橙子冰沙。

6. 将木瓜果肉倒入榨汁机中搅打均匀，在杯中剩余的 1/4 处倒入木瓜果泥即可。

小贴士

将思慕雪倒入杯中时，动作一定要轻柔，防止将贴在杯壁上的水果片冲掉。

综合莓果思慕雪

10 分钟 简单

材料

蓝莓 50 克 / 树莓 50 克 / 草莓 80 克 /
香蕉 1 根（约 100 克）/ 酸奶 120 毫升

美丽说

蓝莓富含花青素，除了具有抗氧化的作用外，还能够缓解视疲劳，再加上蓝莓中丰富的维生素，经常食用可以调节机体免疫力。

做法

1. 蓝莓、树莓、草莓洗净后沥干水分，各取出几颗放入冰箱冷藏，作装饰用。

2. 香蕉剥皮后切块，和剩余的蓝莓、树莓、草莓一起放入保鲜袋，提前一晚放入冰箱冷冻。

3. 第二天，将冷冻好的水果放入榨汁机，倒入酸奶，打成均匀的糊。

4. 将打好的思慕雪装入碗中，将装饰用的蓝莓、树莓、草莓依次放在碗中，可点缀上薄荷叶。

小贴士

莓果保质期短，季节性也较强，配方中的三种莓果不一定能同时凑齐，可以购买专门的冷冻水果，更易于保存，食用也更加方便。

柠檬雪梨蜜瓜枸杞茶

15 分钟  简单

材料

柠檬 60 克 / 雪梨 200 克 / 蜜瓜 250 克 / 枸杞子 10 粒 / 绿茶包 1 包 / 蜂蜜少许 / 纯净水 700 毫升

除了柠檬和雪梨的酸甜清脆，还有蜜瓜甜到心坎的好味道，将这三种水果搭配在一起，酸甜适中，清新爽口，再加上滋补明目的枸杞子，食补效果更好。经常饮用可以延缓衰老，保护眼睛，调节免疫力。

做法

1. 蜜瓜洗净，去皮、去籽，切成小块，放入榨汁机中。

2. 在榨汁机中加入少许蜂蜜和 100 毫升纯净水，与蜜瓜一起搅打均匀。

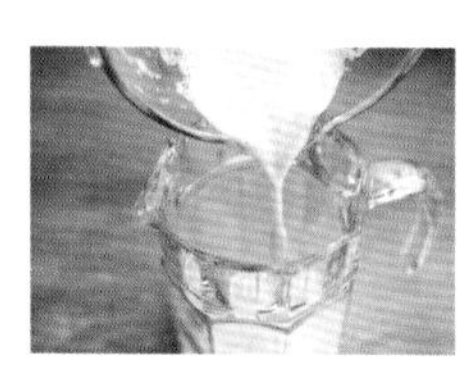

3. 将搅打好的蜜瓜汁倒入冷饮壶中。

4. 柠檬洗净，切成薄片待用；雪梨洗净，去皮、去核，切成小块，放入冷饮壶中。

5. 煮锅内加入 600 毫升纯净水，大火烧开后关火。

6. 将绿茶包放入开水中，提着茶包的线，上下浸泡 10 次左右，取出茶包。

7. 将泡好的绿茶倒入冷饮壶中，放入枸杞子，搅拌均匀，盖上盖，闷 5 分钟左右。

8. 待果茶不烫手，加入柠檬片即可。

在挑选蜜瓜时，先拿起来闻一闻，香味越浓，味道也就越甜。

猕猴桃菠萝茶

10 分钟　简单

材料

猕猴桃 120 克 / 菠萝 150 克 / 绿茶包 1 包 / 蜂蜜少许 / 柠檬 50 克 / 纯净水 800 毫升

悠闲的午后，品一杯猕猴桃菠萝茶吧，酸甜的菠萝与柔软多汁的猕猴桃搭配，在茶香中散发着水果的清香，一杯入口，让人意犹未尽。经常饮用可以美容养颜，还可以改善视力、调节免疫力。

做法

1. 菠萝去皮，洗净，切块，放入榨汁机中。

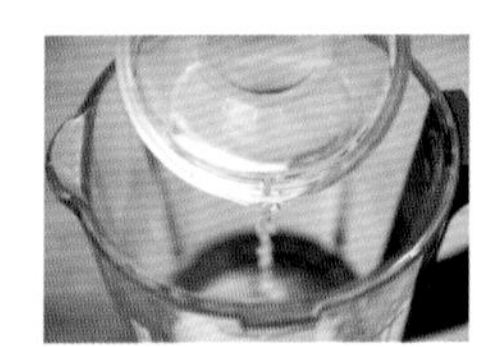

2. 在榨汁机中加入 100 毫升纯净水，与菠萝搅打均匀。

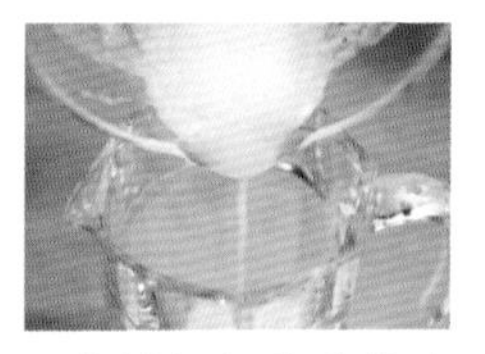

3. 将搅打好的菠萝汁倒入冷饮壶中。

4. 猕猴桃洗净，去皮，切成薄片，倒入冷饮壶中。

5. 柠檬洗净，切成薄片待用。

6. 煮锅内加入 700 毫升纯净水，大火烧开后关火。

7. 把绿茶包放入开水中，提着茶包的线，上下浸泡 10 次左右，取出茶包。

8. 将泡好的绿茶倒入冷饮壶中，凉到不烫手，加入柠檬和少许蜂蜜，搅拌均匀即可。

在挑选猕猴桃的时候，应选择体形饱满、表面完整没有凹陷、颜色均匀的，这样的猕猴桃口感会比较鲜甜。

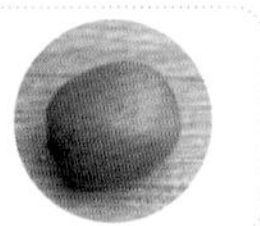

玉米奶茶

25 分钟  中等

材料

甜玉米 2 个（约 200 克）/ 红茶 3 克 /
纯牛奶 1 盒（约 250 毫升）/ 白砂糖 1 汤匙

这道玉米奶茶能润肠排毒，调节免疫力，还能增强记忆力、缓解视疲劳，特别适合上班族熬夜加班时饮用。

做法

1. 甜玉米剥皮、洗净，把玉米横切 2 段，竖切 1 刀。

2. 用刀把玉米粒削入碗中，冲洗净备用。

3. 净锅煮水，水开后放入红茶，关火闷3分钟后滤出茶叶。

4. 把牛奶倒入茶水锅中，小火加热煮开。

5. 将玉米粒和奶茶一起放入榨汁机中，加入白砂糖。

6. 搅打均匀后装杯即可。

要选取水分多的甜玉米，也可以先把玉米榨汁，再把玉米汁倒入奶茶中，更原汁原味。

图书在版编目（CIP）数据

好食光．轻断食果蔬汁 / 萨巴蒂娜主编．— 北京：中国轻工业出版社，2024.4

ISBN 978-7-5184-4879-1

Ⅰ．①好…　Ⅱ．①萨…　Ⅲ．①果汁饮料—制作 ②蔬菜—饮料—制作　Ⅳ．① TS972.12

中国国家版本馆 CIP 数据核字（2024）第 031754 号

责任编辑：胡　佳　　责任终审：高惠京　　设计制作：锋尚设计
策划编辑：张　弘　胡　佳　　责任校对：朱燕春　　责任监印：张京华

出版发行：中国轻工业出版社（北京鲁谷东街5号，邮编：100040）
印　　刷：北京博海升彩色印刷有限公司
经　　销：各地新华书店
版　　次：2024年4月第1版第1次印刷
开　　本：710×1000　1/16　印张：12
字　　数：200千字
书　　号：ISBN 978-7-5184-4879-1　定价：49.80元
邮购电话：010-85119873
发行电话：010-85119832　010-85119912
网　　址：http://www.chlip.com.cn
Email：club@chlip.com.cn

231864S1X101ZBW